KB261075

 참 좋은 아빠, 당신을 응원합니다!

_______________________ 님께

_______________________ 드림

아이의 인생을 빛나게 하는 힘

파더십
Fathership

펴낸날 초판 1쇄 2013년 11월 1일

지은이 강헌구, 강봉국

펴낸이 임호준
이사 이동혁
편집장 김소중
책임 편집 임주하 ㅣ **편집** 윤은숙 장재순 나정애 김민정 권지숙
디자인 이지선 왕윤경 ㅣ **마케팅** 강진수 김찬완 김소회
경영지원 나은혜 박석호 ㅣ **e-비즈** 표형원 이용직 유영경 배은지

일러스트 영수
인쇄 자윤프린팅

펴낸곳 북클라우드 ㅣ **발행처** ㈜헬스조선 ㅣ **출판등록** 제2-4324호 2006년 1월 12일
주소 서울특별시 중구 태평로1가 61 ㅣ **전화** (02) 724-7684 ㅣ **팩스** (02) 722-9339

ⓒ 강헌구 · 강봉국, 2013

ISBN 979-11-85020-12-9 13590

• 이 도서의 국립중앙도서관 출판시도서목록(CIP)은 서지정보유통지원시스템 홈페이지(http://seoji.nl.go.kr)와 국가
  자료공동목록시스템(http://www.nl.go.kr/kolisnet)에서 이용하실 수 있습니다.
  (CIP제어번호: CIP2013020459)

아이의 인생을 빛나게 하는 힘

파더십
Fathership

강헌구 · 강봉국 지음

북클라우드

파더십,
꿈으로 행복을 만드는
연금술

아빠,

당신은 누구보다 열심히 그리고 묵묵히 일하며 가족을 돌봐 왔습니다.

하지만 그렇게 노력한 만큼 당신은 지금 행복합니까?

회사에서 제법 유능한 직원으로 인정받고 있든 그렇지 않든 직장 생활은 마치 살아남기 위한 전쟁터처럼 여겨집니다. 회사에서 계속되는 정신적 압박과 힘든 인간관계를 참아 가며 겨우 버텨 왔지만 당신을 기다리는 것은 휴식이 아니라 또 다른 전쟁입니다.

아내는 말합니다. "당신이 나한테 해 준 게 뭐야? 만날 밤늦게 들어오고 주말이면 집에서 잠만 자고 함께하는 시간이 없잖아? 나는 그렇다 치고 애들은 뭘 잘못했어? 아빠 얼굴도 까먹겠어. 애들이 당신 슬슬 피하는 것도 모르지?"

토끼 같은 자식들은 말합니다. "아빠 싫어. 만날 술 냄새만 풀풀 풍기잖아. 아빠가 집에 있으면 평소엔 안 그러던 엄마가 소리 지르고 화만 낸단 말이야. 아빠는 엄마나 나보다 회사가 더 중요하지?"

아빠들은 힘듭니다. 죽을힘 다해서 일하고 너무 피곤해서 침대에 누워 '시체 놀이'를 시도해 보지만 아내와 아이들 눈치 보느라 몸도 마음도 편치 않습니다. 집에서 쉬는 것은 마치 회사에서 근무 태만을 범하는 것과 같습니다. 집에서 보내는 그 시간이 세상 어디에서 보내는 시간보다 안락하고 즐거워야 함에도 불구하고 실제론 집이 회사보다 더 힘들다고 말하는 아빠들도 많습니다.

왜 이렇게 된 걸까요? 왜 회사에서도 가정에서도 아빠들은 힘들어진 걸까요? 대답은 간단합니다. 아빠, 당신 때문이 아닙니다. 모두가 "아빠는 왜 있는지 모르겠다."고 이구동성으로 외치는 이 시대의 아빠이기 때문입니다. 아빠가 설 자리가 없는 세상이 되어 버렸기 때문입니다. 이 시대의 아빠는 답답하고 외롭습니다. 도대체 열심히 묵묵히 살아온 것의 결과가 설 자리도 없는 것이라니요?

그러나 속을 들여다보면 아빠의 빈자리만큼 가족의 가슴도 텅 비어 있습니다. 당신 앞에서 볼멘소리를 쏟아 내는 아내도 아이도 행복하지 못합니다. 아빠의 설 자리가 없는 만큼 가족도 마음 둘 곳이 없습니다. "아빠는 왜 있는 거야?"

라는 물음도, "당신이 남편 노릇 한 게 뭐 있어?"라는 불평도 사실은 당신의 파더십(fathership)이 필요하다는 말입니다. 그런 아빠 곁에 있고 싶다는 하소연의 소리입니다.

당신에게 파더십이 필요합니다. 잃어버린 아빠의 설 자리를 되찾아야 합니다. 아빠가 바로 서야 가족도 행복하고 당신도 행복합니다. 세상의 모든 행복은 '아빠'라는 씨앗에서 태어나는 것이고, 가정은 결국 아빠로부터, 아빠의 신념으로부터 시작되니까요. 아빠는 존재 자체가 행복입니다. 그냥 곁에 있어만 주는 평범한 아빠도 가정을 행복으로 충만하게 합니다. 평범한 아빠의 소박한 사랑이 비범한 인물을 탄생시킵니다.

이 책에는 가족을 행복하게 만든, 자녀의 운명을 바꾼 파더십 있는 아빠들의 이야기를 담았습니다. 초등학교도 다니지 않은 시골 농부가 대학 총장을 길러 내고, 가난한 구두 수선공 아빠가 위대한 작가 한스 안데르센을 키우고, 신발 가게 판매원이 대통령을 탄생시켰습니다. 진정한 파더십이야말로 꿈을 현실로 만드는 연금술입니다.

그러나 자녀를 비범한 인물로 성장시키고 가정을 행복하게 이끈 파더십 있는 아빠, 그들도 우리 보통 사람들과 다르지 않습니다. 아주 평범한 아빠들입니다. 평범한 아빠들의 작은 관심이 눈부신 성과를 이뤄 냅니다. 위대하지만 평범한 아빠들, 그들이 실천한 아주 작은 행동들을 모으고 분류하고 체계화해서 '아빠학 개론'을 만들어 보았습니다. 필수 과목이지만 전혀 어렵지 않습니다. 조금만 노력하면 됩니다.

지금까지 우리는 회사에서 인정받기 위해 나름의 전문 영역에 대해 아주 체계적인 공부를 해 왔습니다. 하지만 좋은 아빠가 되기 위한, 훌륭한 가장이 되기 위한 공부는 한 적이 없습니다. 그러니 아빠 역할이 어려울 수밖에 없는 것입니다. 아주 간단한 것들이지만 우리가 배운 적이 없기에, 공부한 적이 없기에 모르는 것일 뿐입니다.

아빠학개론은 이 시대 파더십 위기의 실상과 그 위험성, 시대의 트렌드에 걸맞는 바람직한 아빠상, 가장으로서 가족의 비전을 세우는 법, 그리고 자상한 멘토, 프렌디로서 자녀들에게 꿈을 보여 주고 그 꿈을 가꾸는 법, 상처받은 꿈을 치유하는 법 등으로 구성되어 있습니다. 아주 작은 실천으로 당신은 가정이라는 행복주식회사를 성공적으로 경영할 수 있습니다. 물론 100퍼센트 딱 맞아떨어지는 정답은 없습니다. 이 책에 제시된 방법들을 모두 따라 할 필요도 없습니다. 누구나 자신만의 방식으로 받아들일 것은 받아들이고 버릴 것은 과감히 버리며 공부하면 됩니다.

당신이 실천 가능한 사소한 것들부터 하나씩 행동에 옮기면 됩니다. 절대 어렵지 않습니다. 실패해도 괜찮습니다. 빵점 맞아도 괜찮습니다. 부족한 부분을 보충하며 다시 공부하고 다시 도전하면, 머지않아 '아빠학개론 시험'에서 100점 만점은 아니더라도 80점짜리 꽤 괜찮은 아빠는 될 수 있습니다. 누구나 될 수 있습니다. 자, 그럼 지금부터 무면허 아빠로부터의 탈출을 위해 아빠학개론 첫 수업을 시작하겠습니다.

2013년 11월
강헌구, 강봉국

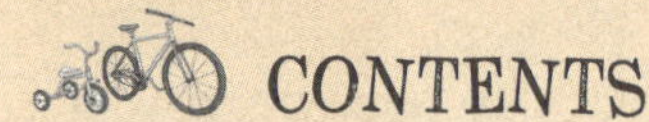 CONTENTS

 CONTENTS

엄마가 있어서 좋다. 나를 이해해 줘서
냉장고가 있어서 좋다. 먹을 걸 줘서
강아지가 있어서 좋다. 나랑 놀아 줘서
아빠는 왜 있는지 모르겠다.
_어느 초등학교 2학년 학생의 글

아빠는 왜 있는지 모르는 세상

　　　"　결승선 175미터를 남겨 둔 지점, 데렉은 비명을 질렀다. 그의 얼굴은 고통으로 일그러졌고, 몇 발자국 못 가서 쓰러지고 말았다. 의료진이 들것을 들고 달려왔다. 하지만 데렉은 몸을 일으켜 걷기 시작했다. 고통을 참으며 한쪽 다리로 껑충껑충 뛰며 절룩거렸다. 그때 그의 아버지가 달려왔다.

"아들아, 아버지 여기 있다! 어떻게 하고 싶니?"

"끝까지 갈 거예요."

"그래, 같이 가자."

데렉의 아버지는 아들을 부축하며 부드럽게 말했다. 함께 걷던 아버지가 어깨동무를 풀었다. 데렉은 결승선을 혼자 통과했다. 그 순간 아버지가 데렉을 두 팔 벌려 껴안았다.

아빠,
어디 계세요?

　　1992년 바르셀로나 올림픽 육상 경기장에서의 일이다. 6만 5천여 관중이 모인 가운데 400미터 결승 경기가 시작되었다. 영국 선수 데렉 레드먼드는 출발을 알리는 총성과 함께 다른 선수들을 제치고 단연 선두로 나섰다. '이대로 계속, 이대로 계속 유지!' 그는 스스로를 다그치며 전력으로 달렸다. 결승선 175미터를 남겨 두고 백스트레치를 통과할 즈음, 데렉의 우승은 확실시되고 있었다. 바로 그 순간 데렉은 뭔가 뻥 하고 터지는 걸 느꼈다. 뒷다리 관절 부근이었다. 그는 마치 총에 맞은 듯 절름거리기 시작했다.

　　"안 돼!"

　　데렉은 스스로에게 소리쳤다. 그의 얼굴은 고통으로 일그러졌다. 오른쪽 다리가 파르르 떨렸다. 그는 왼발로 껑충껑충 뛰기 시작했다. 하지만 몇 발자국 못 가서 쓰러지고 말았다. 무릎 관절을 움켜쥐고 쓰러지자 의료진이 급히 다가왔다. 동시에 스탠드 상단에서 그 광경을 본 아버지 짐 레드먼드가 사람들의 틈바구니를 뚫고 트랙을 향해 정신없이 달려왔다. 짐은 트랙에 들어설 아무런 명분도 자격도 없었지만 오직 아들에게 가서 아들을 도와야 한다는 일념뿐이었다.

눈앞에서 올림픽 메달이 영영 날아갔다는 것을 깨달은 데렉 레드먼드. 그의 얼굴은 눈물로 범벅이 되어 있었다. '난 이제 올림픽과는 완전히 이별이구나!' 하는 생각에 절망했다. 의료진이 들것을 들고 왔지만 데렉은 "안 돼요. 난 결승선을 통과할 겁니다. 들것에 누워서는 결승선을 통과할 수가 없어요."라며 거부했다.

그때 수백만 육상 팬들에게 영원히 기억될 감동의 장면이 연출되기 시작했다. 데렉이 절룩거리며 트랙을 걷기 시작한 것이다. 다른 선수들은 이미 경기를 마쳤고, 미국 선수 스티브 루이스가 우승을 차지한 뒤였다. 사람들은 '데렉이 저러다 말겠지, 결승선까지는 가지 못하고 다시 바닥에 주저앉겠지' 하고 생각했다. 그러나 예상은 완전히 빗나갔다. 그는 한쪽 다리로 계속 껑충껑충 뛰고 있었다. 그렇게 절뚝거리며 끝까지 갈 작정이었다.

관중은 하나둘 일어서서 환호하기 시작했다. 환호성은 점점 더 커지고 있었다. 데렉은 이를 악물었다. 누구에게 보여 주기 위한 것도 아니고 환호성에 답하는 몸짓도 아니었다. 오직 자신의 영혼을 위해 결승선을 향해 갈 뿐이었다.

고통은 점점 심해졌다. 한 걸음 내딛을 때마다 그만큼 통증이 더해졌다. 얼굴은 고통으로 일그러졌고 눈물이 흘러내렸다. 그래도 그는 계속 절뚝거리며 앞으로 나아갔다. 관중도 눈물을 흘렸다. 더 크게 박수를 치며 점점 더 열광적으로 응원했다.

이윽고 그의 아버지 짐이 스탠드 바닥으로 내려왔다. 통제선 울타리를 훌쩍 뛰어넘고 보안 요원을 피하면서 아들을 향해 돌진했다. 보안 요원들이 그를 제지하기 위해 달려왔다. "저 아인 내 아들이오. 난 아들을 도와야 해요!" 짐은 필사적으로 소리쳤다. 드디어 결승선 120미터를 남겨 둔 순간, 짐이 데렉에게 다가가 그를 얼싸안았다.

"아들아, 아버지 여기 있다! 어떻게 하고 싶니?"

"끝까지 갈 거예요."

"그래, 같이 가자."

짐이 아들을 부축하며 부드럽게 말했다. 아들과 아버지는 6만 5천 관중이 박수 치며 환호하는 가운데 어깨동무를 하고 걸었다. 결승선 앞에서 짐이 어깨동무를 풀었다. 데렉은 혼자 결승선을 통과했다. 짐이 데렉을 두 팔 벌려 껴안았고, 둘 다 눈물을 흘렸다. 스탠드에 있던 관중도 텔레비전을 지켜보던 세계의 모든 시청자들도 함께 울었다. 짐이 말했다.

"나는 세상에서 가장 행복한 아버지다."

짐은 그 어느 때보다 더 결정적인 순간에 아들 앞에 나타났다. 너무 힘들어서 당장 주저앉고 싶은, 죽음보다 더 괴로운 고통의 순간에 "애야, 아버지 여기 있다."라고 말하며 아들을 안아 주었다. 절실한 도움이 필요한 순간, 아들이 기대고 의지할 수 있게 어깨를 내어 준 아버지 짐. 덕분에 아들도 아버지도 그리고 세상도 행복해졌다.

오늘날 우리의 가정에서도 이런 장면을 많이 볼 수 있으면 좋겠다. 사회면 뉴스를 보면 데렉처럼 달리다 쓰러져 아파하는 아들딸들이 너무 많다. 그런데 짐처럼 달려와 자녀를 일으키는 아버지들의 모습은 잘 보이지 않는다. 아버지가 반드시 나타나 주어야 할 그 자리에, 아버지의 넓은 어깨가 절실히 필요한 순간에 아버지가 없다. 아버지들은 다 어디로 갔을까?

아빠들의 자리가 사라지고 있다

사자는 10~20마리가 무리 지어 생활하는데 사냥은 암사자의 몫이다. 암사자들은 쉬지도 못하고 끊임없이 사냥하며, 부지런히 출산과 육아를 병행한다. 한편 수사자들은 무리를 이끄는 우두머리로서 자기 영역을 확보하고, 외부의 위협으로부터 안전을 지키는 매우 중요한 책무를 감당한다. 그렇기 때문에 거실 중앙 소파에 누워 리모컨을 들고 황제 대접을 받으며 무리를 지휘한다.

그렇다고 마냥 좋은 것은 아니다. 수사자에겐 많은 적이 있다. 아프리카 들소인 버팔로와 하이에나는 새끼 사자만 보면 물불 안 가리고 들이받거나 물어 죽인다. 게다가 잠시라도 한눈팔다간 내부의 적이 호시탐탐 황제의 자리를 노린다. 젊고 용맹한 다른 수사자의 도전을 승리로 이끌지 못한다면, 황제 수사자는 무리 밖으로 쫓겨나게 된다. 고개를 숙이고 쓰레기통을 뒤지며 주린 배를 채워야 한다.

지금 우리나라 많은 아버지들의 모습은 바로 이 고개 숙인 황제 수사자의 모습과 닮아 있다. 소파에 누워 리모컨을 들고 집안을 호령하던 황제. 그러나 이제는 소파도 리모컨도 없는 종이 황제로 전락했다. 소파에 눕는 건 상상도 못할 일이 되었다. 여기 서 있어라, 저기 가서 자리 잡고 줄 서 있어라, 아이들 공부 방해되니까 따로 있어라, 심지어 밤늦게 퇴근할 때도 아이들 깨니까 조용히 들어와라 하는 소리까지 듣는다.

김 과장의 경우를 보자.

금요일 오후 2시 45분, 기획실 김 과장이 심호흡을 한다. 잠시 후 3시부터 사장을 비롯한 회사 중역 전원과 과장 이상 간부들이 다 모인 자리에서 아주 중요한 프레젠테이션을 해야 하기 때문이다. 지난 한 달 동안 이 15분짜리 발표를 위해 야근하고 그것도 모자라 새벽에 출근했던 시간들이 머릿속을 스쳐 지나간다. 회의가 시작되고 김 과장이 목청을 가다듬는다.

"이번 영국 MPG사와의 기술 제휴 전략, M-프로젝트는 현재 35퍼센트에 머물러 있는 당사의 S-원료 국내 시장 점유율을 60퍼센트 이상으로 끌어올리기 위한 전략입니다."

처음엔 약간 떨리던 목소리가 차츰 안정을 찾아 가면서 모든 참석자들이 숨소리도 내지 않고 경청한다. 드디어 발표가 하이라이트에 이르자 김 과장은 짧은 순간 다시 숨을 고른다.

"부디 이 프로젝트가 성공하여 우리 회사가 국내 1위의 S-원료 공급

회사로 발돋움할 수 있기를 기대합니다.”

발표가 끝나자 제일 먼저 사장이 “좋아, 잘했어. 수고했어!”라고 말하며 박수를 치기 시작한다. 모든 참석자가 일제히 환호하며 박수를 친다.

회의가 끝나고 사무실로 돌아오자 박 실장이 말한다.

“김 과장, 잘했어. 이번 일로 우리 기획실의 위상이 많이 달라질 것 같아. 정말 수고했어.”

“아닙니다. 모든 게 실장님의 지도 덕분이죠.”

“아무튼 수고 많았네. 저녁에 약속 있나?”

“집에 일찍 들어가기로 했습니다.”

“음, 약속이 없다는 말이군. 한잔하세. 마침 할 얘기도 좀 있고.”

김 과장은 아내의 얼굴이 잠시 떠올랐으나 할 얘기라는 대목에서 마음이 약해진다. ‘분명 가을 정기 인사에 대한 언급일 테지?’ 마음속으로 생각한다.

“네, 알겠습니다. 실장님.”

그날 밤 11시. 김 과장이 술 냄새를 풍기며 현관문을 연다. 자지 않고 기다리던 아내가 말한다.

“오늘도 야근했어요? 위스키 야근?”

“음, 오늘… 회사에서 실장님이….”

“또 실장님? 그럼 나랑 이혼하고 실장님이랑 결혼하든가.”

“오늘은 이유가 있었어. 왜 이래?”

“언제 이유 없는 날 있었어? 이유는 날마다 있지, 뭐.”

“가을에 승진할 것 같아, 부장으로.”

“승진? 애는 어떻게 되든 상관없고 승진만 하면 된다, 이거야?”

“애가 왜?”

“애가 감기 들어서 내일 바이올린 교습도 못 가게 생겼어. 난 모닝이야. 당신이 책임져!”

아내는 간호사다. 아침 근무일 때는 집에서 6시에 나간다.

“알았어. 미안해.”

김 과장은 한숨이 절로 나온다. 물을 벌컥벌컥 마신다. 대충 씻고 나오니 아내는 이미 잠들어 있다.

“서른일곱에 상장 회사 부장, 괜찮은데… 그런데 이게 뭐지?”

◎ 가족의 위기, 아빠의 위기에서 온다

다음 날 아침 7시, 김 과장이 눈을 떠 보니 아내는 이미 출근했고 6학년짜리 딸은 아직 기척이 없다. 김 과장은 현관문을 열고 조간신문을 집어 온다. 헤드라인을 보며 찬물을 들이켠다. 경제면 단신에 M-프로젝트 소식이 짤막하게 실려 있다. 혼자 하이파이브를 해 본다. 방문을 열자 아직 자고 있는 딸아이의 숨소리가 불안하다.

“우리 딸, 많이 아프니?”

“응. 그래도 바이올린은 갈 거야.”

"그래? 그럼 아빠가 태워 줄게."

"싫어. 아빠 차 안 타. 엄마가 술 냄새나는 차는 타지 말랬어."

"그래. 그럼 아빠가 택시 태워 줄게."

"아빤 참 이상해! 오늘 바이올린 가는 거 몰랐어? 또 내가 아픈데 술 마시고 늦게 들어오고….."

"미안하다."

"저번 토요일에도 미안하다 그랬지?"

"그래, 미안하다."

아이를 씻기고 간단히 먹이고 악기를 챙긴다. 택시를 잡으러 걸어가면서 김 과장의 머릿속엔 두 개의 그림이 스친다. 하나는 영국과 정부종합청사를 오가며 기술 제휴를 성사시키느라 뛰고 또 뛰었던 지난 몇 달 동안의 모습이다. 다른 하나는 자기보다 외국어도 잘하고 스펙도 훌륭한 윤 과장이 가을 정기 인사에서 자신을 제치고 부장으로 승진하는 모습이다. 그러면서 '아, 내가 가장으로서 너무 무심했구나!' 하는 자책보다는 '내가 이런 소리나 들으려고 그렇게 열심히 일했나?' 하는 아쉬움에 스스로 풀이 죽는다. 혼잣말로 중얼거린다. "에잇, 승진이고 뭐고 다 때려치우고 가사 도우미나 할까?"

많은 아버지들이 숨이 막힌다. 서글프다. 도무지 적응이 안 된다. 회사에 가면 꽤 유능한 직원이라는 말을 듣는데 집에만 오면 무능한 가장이 된다. 한시도 몸을 사리지 않고 가족을 위해 뛰고 희생하고 있지만 정작 집에서는 설 자리가 없어졌다.

회사에서 해낸 자신의 성취에 대해 가족 누구도 들어 주지 않는다. 인정해 주지 않는다. 그냥 쓸데없이 술이나 먹고 늦게 들어온 개념 없는 사람이 되고 만다. 그는 고민한다. 과연 얼마나 더 버틸 수 있을까?

'마누라한테 딸한테 주정뱅이, 거짓말쟁이 아니면 이상한 사람이라는 말이나 들을 바엔 차라리 승진이고 뭐고 포기하고 오직 칼퇴근을 외치며 모범 아빠나 되어 볼까?'

'에이, 난 모르겠다. 나에게는 나의 세계가 더 중요해. 될 대로 되어라. 술이나 마시자.'

결국 김 과장은 이 둘 중 어느 하나도 확실히 선택하지 못한다. 이러지도 저러지도 못하고 엉거주춤 어영부영하는 사이 집에선 점점 더 존재감이 사라진다. 회사에서도 서서히 설 자리를 잃어 간다. 이제 김 과장도 한계다. 가족에 대한 불만이 폭발한다. 자포자기하게 된다.

◎ 문제는 아빠 내부에 있다

사실 문제는 아내나 딸에게 있는 것이 아니라 김 과장에게 있는 것이다. 진정한 성공을 거둔 사람을 관찰해 보면 그들의 성공은 예외 없이 가정에서 시작되었다. 아내는 남편에게 최고의 응원군이 될 수도 있고 최악의 적이 될 수도 있다. 다만 그 선택을 하는 쪽은 아내가 아니라 남편이다. 자신의 생각과 감정을 아내와 함께 나누고, 계획을 세우고, 이야기를 하고, 시간을 보내며 애정 표현을 해 준다면 아내는 남편의 응원군이 되어 줄 것이다. 반대로 남편이 자신의 모든 시간을 일에만 쏟아붓고, 아내와 이야기를 나누려 하지 않으며, 가족의 감정적 필요를 등한시한다면 아내는 적이 되고 말 것이다. 남자가 성공을 향해 달리는 이유는 성공해서 얻은 것을 사랑하는 아내 그리고 자녀들과 함께 나누고 즐기기 위함이다. 만약 함께 나눌 가족이 없다면 성공이란 전혀 무의미한 것이다.

대부분의 남자들은 일에 정신을 빼앗긴 나머지 일을 하는 목적이 되는 소중한 사람들을 소홀히 대하는 함정에 빠진다. 자신은 가족을 위해 고생하고 있는데 가족은 그걸 몰라준다고 불평하며, 자기도 모르게 가족보다 부와 권력에 집중한다. 자신의 시간을 이기적으로 사용하고, 아끼고 보살펴야 할 사람들을 챙기지 않는다.

김 과장은 자신의 행동을 정당화하려고 하지만 틀렸다. 그의 아내와 자식들이 진정으로 바란 단 한 가지는, 그의 성공이 아니라 그의 시간이었기 때문이다. 안타깝게도 그는 너무 늦게 그 사실을 깨닫는다.

그렇다고 김 과장처럼 열심히 일하는 것이 결코 잘못된 것은 아니다. 오히려 그 반대다. 가족을 부양하고 성공을 거머쥐기 위해서는 당연히 열심히 일해야 한다. 하지만 때로는 가족을 위한 시간도 의식적으로 만들 필요가 있다. 그런 노력을 게을리하면 자신과 가족 모두에게 위기를 불러온다.[1]

많은 가정에서 아버지의 역할이 거의 사라지고 어머니의 역할이 상대적으로 커졌다. 자녀 교육은 물론 집안의 정신적 지주 역할까지도 어머니가 맡고 있다. 아버지는 돈을 벌어 오는 사람 내지는 또 한 명의 '큰 아이'로 남아 있는 경우가 많다.

원래 아버지에게는 다섯 가지 역할과 기능이 있었다. 남편(husband-ship), 아비(fathership), 보호자(keepership), 머리(headship), 그리고 교사(teachership)가 그것이다. 그러나 산업화 및 정보화에 따른 라이프 스타일의 변화가 그 역할을 하나씩 빼앗아 갔다. 교사 역할은 학교, 보호자 역할은 정부, 양육과 아비 역할은 어머니가 가져갔다. 결국 아버지들은 별로 눈에 띄지 않는 존재가 되었고, 아내와 자식들에게 점점 더 낯선 사람, 생계를 책임지는 사람으로 추락하고 있다.

사실 많은 아버지들이 아버지 노릇을 어떻게 하는지 잘 모른다. 언제 가족을 안아 줘야 할지, 언제 긴장감을 조성해야 할지, 언제 등을 토닥여 줘야 할지, 무슨 말로 위로하고 어떤 몸짓으로 애정을 표현해 줘야 할지 모른다. 그냥 아무것도 모른 채 아버지로 존재하고 있다. 자녀에게 무엇을 가르쳐야 할지, 어떻게 가르쳐야 할지 모르는 걸 당연하게 여긴다.

많은 남자들이 아버지 역할, 즉 파더십을 제대로 배우지 않고 아버지가 된다. 학교의 교육 과정에도 없다. 아버지로부터 아버지가 되는 법을 배운 남자들은 더욱 없다. 무면허 아버지들이다. 오히려 파더십을 공부하는 사람을 남자답지 못하다고 생각하는 이들도 있다.

오늘날 우리의 가정은 선장도 없고 나침반도 없이 거친 바다를 항해
하는 배의 모습이다. 언제 난파당할지 모른다. 가족이라는 배를 위험에
서 벗어나게 하고, 안전한 항구로 인도해 가기 위해 아버지들이 '아버지
학'을 공부해야 할 때다.

아버지

— 싸이

YO~
너무 앞만 보며 살아오셨네
어느새 자식들 머리 커서 말도 안 듣네
한평생 처자식 밥그릇에 청춘 걸고
새끼들 사진 보며 한 푼이라도 더 벌고

눈물 먹고 목숨 걸고 힘들어도 털고 일어나
이러다 쓰러지면 어쩌나
아빠는 슈퍼맨이야 얘들아 걱정 마

위에서 짓눌러도 티 낼 수도 없고
아래에서 치고 올라와도 피할 수 없네
무섭네 세상 도망가고 싶네
젠장 그래도 참고 있네 맨날
아무것도 모른 채 내 품에서 딩굴거리는
새끼들의 장난 때문에 나는 산다
힘들어도 간다 여보 얘들아 아빠 출근한다

……(중략)

어느새 학생이 된 아이들에게
아빠는 바라는 거 딱 하나
정직하고 건강한 착한 아이 바른 아이
다른 아빠보단 잘할 테니
학교 외에 학원 과외 다른 아빠들과의 경쟁에서
이기고자 무엇이든지 다 해 줘야 해

고로 많이 벌어야 해 너네 아빠한테 잘해
아이들은 친구들을 사귀고 많은 얘기 나누고
보고 듣고 더 많은 것을 해 주는 남의 아빠와 비교
더 좋은 것을 사 주는 남의 아빠와 나를 비교
갈수록 싸가지 없어지는 아이들과
바가지만 긁는 안사람의 등살에 외로워도 간다
여보 얘들아 아빠 출근한다

아버지 이제야 깨달아요
어찌 그렇게 사셨나요
더 이상 쓸쓸해하지 마요
이제 나와 같이 가요
여보 어느새 세월이 많이 흘렀소
첫째는 사회로 둘째 놈은 대학으로
이젠 온 가족이 함께하고 싶지만
아버지기 때문에 얘기하기 어렵구만
세월의 무상함에 눈물이 고이고
아이들은 바빠 보이고 아이고
산책이나 가야겠소 여보
함께 가 주시오

아버지 이제야 깨달아요
어찌 그렇게 사셨나요
더 이상 쓸쓸해하지 마요
이제 나와 같이 가요 오오~
당신을 따라갈래요

'나는'
미칠 지경이다

　　어떤 아버지, 아니 돈 버는 기계가 과중한 일과 무더위로 지쳐 있던 어느 날, 저녁 식탁에서 중3짜리 외동딸, 공부하는 기계에게 한마디 했다.

　　"너 엄마 아빠에게 화난 일 있어? 왜 밥상에서 입을 꾹 다물고 있니? 그리고 어른들 앉아 계신데 너만 밥 다 먹었다고 혼자 일어나기야?"

　　공부하는 기계는 대답도 없이 자기 방으로 들어가 문을 쾅 닫아 버렸다. 이어지는 설거지하는 기계의 말이 돈 버는 기계를 후려쳤다.

　　"당신, 그렇게 말해 봤자 권위 안 서요."

　　설거지 기계는 작심한 듯 불만을 쏟아 냈다. 가장이 가족에게 시간도 안 내주면서 딸아이 버릇을 가르치려 하느냐, 애가 아버지 얼굴이나 보면서 컸느냐, 당신은 밥상에서 분위기 좋게 해 주려고 뭘 했느냐, 재도 내년

엔 고등학생이라 올해가 가족과의 마지막 휴가일 텐데 당신은 휴가 계획
도 못 세우고 있지 않느냐, 돈 버는 것 말고 가족한테 해 준 게 뭐냐….[2]

◎ 공부하는 기계, 돈 버는 기계, 설거지하는 기계

그렇다. 아버지들은 "나는 돈 버는 기계야."라고 한탄한다. 자녀들은
"난 공부하는 기계야."라고 말한다. 엄마들은 "나야 뭐 설거지 기계지."
라고 말하며 혀를 찬다. 돈 버는 기계, 공부하는 기계 그리고 설거지하는
기계가 한목소리로 "나는 미칠 지경이다."라고 소리친다. 매일매일 안타
까운 '디스하모니 콘서트'가 열리고 있는 것이다.

많은 가정에서 아이들은 오직 공부만 잘하면 된다. 인사도 할 줄 모르
고 배려도 할 줄 모르고 말도 버릇없이 함부로 하고 자기 방을 돼지우리
처럼 만들어 놓더라도 오직 성적만 상위권이면 된다. "꼴찌라도 좋다. 튼
튼하게만 자라다오."라는 말은 옛말이다. 오히려 "공부만 잘하면 된다.
다른 건 다 못해도 된다. 하지만 공부 못하면 절대 안 된다." 하는 식이
대세다.

많은 가정에서 아버지들은 오직 돈만 많이 벌면 된다. 돈만 잘 벌면
일을 핑계로 가정에는 소홀해도 된다고 믿는다. 늦게 들어와도, 매일 술
을 마시고 들어와도, 몇 달씩 출장을 다녀와도 모든 것이 가족을 위한 것
인데 뭐가 잘못이냐 하는 식이다.

어떤 중년 남성들의 최고 즐거움은 술집에 모여 회사 일에 대한 전반

적인 내용을 점검하는 것이다. 자기 스스로에게 도취되어 마구 자기를 과시할 수 있다는 데에 즐거움을 느낀다. 그들은 서로가 서로의 나르시시즘을 존중해 주는 친구로서의 관계 유지에 열심이다. 이러한 그룹은 그들에게 진정한 가족인 것이다. 특히 직장에 과잉 적응한 엘리트를 접대하는 고급 술집은 이런 사람들의 치기를 부추긴다. 그러다 보니 가정에 들어와 파더십(fathership)을 발휘한다는 것이 귀찮기도 하고 시답지 않게 느껴진다.[3]

어쩔 수 없이 또는 습관적으로 아버지들이 가족들과 함께 보내는 시간이 너무나 짧아졌다. 아버지들은 가족에게 일어나는 일, 가정이 돌아가는 일을 모르게 된다. 집안에서 일어나는 크고 작은 일에 관여할 여지가 없어진다. 모르는 상태로 몇 주, 몇 달 지나가다 보면 점점 더 무관심해진다. 모든 것을 아내에게 맡기고 자신은 뒤로 빠진다. 아내에게 의존하고, 아내가 시키는 대로 한다. 아내 말을 듣지 않아 생기는 가정불화가 싫다. 그렇게 남편과 아버지로서 가장의 위상이 흔들린 지 오래다. 신문 사회면을 보자.

회사원 정모(38) 씨는 주말 아침이면 "오늘 애 데리고 어디 갈 거야."라는 아내의 말이 겁나기만 하다. 정 씨에게 토요일은 빡빡한 직장 생활을 뒤로하고 잠시 휴식을 취할 수 있는 황금 같은 날이다. 침대에서 원 없이 '시체놀이' 하고 싶은 마음이 굴뚝같다. 하지만 현실은 냉정하다. 자칫 아내에게 "오늘 좀 쉬자. 당신이 애랑 놀러 갔다 와."라고 하면 곧바로 "누구 집 아빠는 그렇게 가정적이라는데…." "그럼 우리 갔다 올 동안 집안일 다 해놔.” 등 보복성 발언이 잇따른다. 이 때문에 정 씨는 주말에도 쉴 수 있다는 희망을 갖지 않는다.[4]

◎ 위기의 가족, 구원 투수 아빠를 기다리다

아무리 가장의 위상이 땅에 떨어졌다고 해도 여전히 남성 우위의 관념이 남아 있다. 가정의 큰일은 무조건 남편의 책임이라는 것. 하지만 대부분의 남편들은 집안일이라면 일단 이렇게 말하고 본다. “아내가 다 알아서 하겠지.” 아내는 자신이 미처 신경 쓰지 못한 부분은 “남편이 뭔가 대책을 세우고 있겠지?” 하며 남편에게 미룬다. 결과적으로 서로 미루다 보니 누구의 책임인지 누가 결정해야 하는지 모르게 되어 버린다. 가족의 가치관과 방향 감각, 목적의식에 집중하는 리더가 보이지 않는다. 직장 때문에 바쁜 아버지들은 아내와 아이들의 ‘디스하모니’를 들으면서도 어쩌지 못하고 있다.

초등학교에 다니는 어린이들은 함께 놀아 주지 않는 아버지가 야속하다. 중·고등학교에 다니는 소년들은 고민거리가 생기면 밖으로 나돈다. 소년들은 하나같이 말한다. 왕따 문제로 자살할 수는 있지만 아버지에게 말할 수는 없다고. 청년들은 아버지의 틀에 들어가기를 거부한다. 아내들은 튕겨져 나가는 자식들이 안타깝고 노력하지 않는 남편이 원망스럽다. 남편들은 ‘하늘 같은 서방님’을 받들어 주지 않는 아내에게 불만이다. 가족의 디스하모니는 어제오늘 일이 아니다.

뉴스 사회면을 보면 오늘날 우리 가정의 모습은 부정적이고 암담하다. 학교가 끝나도 연이어 학원으로 가서 밤늦게까지 공부하는 아이들, 녹초가 된 몸으로 직장에서 돌아오자마자 잠들기 바쁜 남편, 자녀 교육과 집안일, 재테크를 위해 허리가 휘도록 일하는 어머니 모두가 지쳐 주저앉을 판이다.

가족 모두가 눈 감고 귀 막고 입 닫고 산다. 서로에 대해 모르는 것이 많다. 서로 할 말도 들을 말도 없게 되어 간다. 가족 간의 거리감이 점점 커져 결국은 갈등과 마찰을 불러오고 만다.

부부 4쌍 중 1쌍이 이혼한다고 한다. 겉으로는 멀쩡해 보여도 언제 깨질지 모르는 살얼음판 같은 가정이 너무 많다. 어느 가정도 대화가 부재한 실상은 마찬가지다. 너무나 많은 가정이 커뮤니케이션의 부족과 미숙으로 인해 "나는 미칠 지경이다."라는 파열음을 내고 있다. 가족의 주변에서 들려오는 크고 작은 아픔의 소리를 끝까지 자세히 들어 보면, 그 깊은 이면에서 또 다른 소리가 이 시대의 아버지들에게 호소하고 있다.

"아빠, 우리들의 구원 투수가 되어 주세요."

아버지의 마음

— 김현승

바쁜 사람들도
굳센 사람들도
바람과 같던 사람들도
집에 돌아오면 아버지가 된다.

어린 것들을 위하여
난로에 불을 피우고
그네에 작은 못을 박는 아버지가 된다.

저녁 바람에 문을 닫고
낙엽을 줍는 아버지가 된다.

세상이 시끄러우면
줄에 앉은 참새의 마음으로
아버지는 어린 것들의 앞날을 생각한다.
어린 것들은 아버지의 나라다 — 아버지의 동포(同胞)다.

아버지의 눈에는 눈물이 보이지 않으나
아버지가 마시는 술에는 항상
보이지 않는 눈물이 절반이다.
아버지는 가장 외로운 사람이다.
아버지는 비록 영웅(英雄)이 될 수도 있지만…

폭탄을 만드는 사람도
감옥을 지키던 사람도
술가게의 문을 닫는 사람도
집에 돌아오면 아버지가 된다.
아버지의 때는 항상 씻김을 받는다.
어린 것들이 간직한 그 깨끗한 피로….

파더십 2강

"쟤는 성격 하나는 아빠 닮아서 좋다니까."

"난 절대 아빠처럼 되지 않을 거야!"

긍정적인 부분도 부정적인 부분도

세상의 모든 것은 아빠로부터 시작된다.

모든 것은 아빠로부터 시작된다

한국계 미국인 새미 리가 올림픽 다이빙에서 금메달을 차지했다. 시상식에서 미국 국가가 울려 퍼지고 수많은 관중의 환호가 터져 나왔다. 그 왁자지껄함 속에서 그에게는 오직 한 목소리만이 들려왔다. 언제나 그를 응원해 주고 지지해 주는 아버지의 목소리.

"아버지, 전 다이빙 선수가 되고 싶어요."

"얘야, 네가 마음만 먹으면 뭐든지 이룰 수 있단다. 하지만 의사가 되면 더 좋겠구나."

"아버지, 그럼 전 의사도 되고 다이빙 선수도 될게요."

아버지는 그날부터 입버릇처럼 말했다. "네가 마음만 먹으면 뭐든지 이룰 수 있단다." 하고.

결국 새미 리는 의사와 다이빙 선수로서의 꿈을 모두 이루었다.

아빠의 신념이
행복의 황금 열쇠다

◎ 초등학교도 다니지 않은 소작농이 대학 총장을 길러 내다

"석아, 너 거기 좀 앉아라. 너 졸업이 언제지?"

"이제 한 달 남았는데요."

"그래. 중학교는 대구로 가는 게 좋겠다. 훌륭한 사람이 되려면 큰 도시에 있는 학교를 다녀야 하는 거다. 알겠니?"

"저 혼자 가 있어야 되는 거 아니에요?"

"초등학생도 아니고 중학생이 그것도 못하냐?"

"그래도 전…."

"잔소리 말고 가라면 가는 거야."

아버지와 아들의 대화는 그렇게 끝났다. 사실 어린 아들이 보기에도 아버지의 말씀은 이해가 안 갔다. 집이 부자도 아니었고 스스로 공부에 취미도 없고 머리가 좋은 편도 아니었다. 집에서 멀리 떨어진 도시의 중학교로 가라고 하시는 게 내키지 않았다. 한마디로 싫었다. 그러나 도리가 없었다. 아버지가 시키시니 갈 수밖에. 아들은 아버지의 뜻대로 대구에 있는 중학교로 갔다. 하지만 거기까지였다. 공부는 안 하고 그냥 놀기만 했다. '성적이 나쁘면 다시 시골집으로 돌아갈 수 있지 않을까?' 하는 생각 때문이었다.

어느새 학기가 끝나고 방학이 되었다. 아들은 선생님이 준 성적표를 들고 고향으로 향했다. 발걸음이 무거웠다. 문제는 그 성적표에 적힌 석차가 68/68이라는 사실이었다. 어린 마음에도 쌀이 모자라 세끼 밥도 제대로 먹지 못하는 형편에 도시 중학교까지 보낸 아버지를 생각하니 먹먹했다. 도저히 꼴찌 성적표를 내밀 자신이 없었다. 아들은 잉크를 지우는 약을 써서 석차를 1/68로 고쳤다.

"아버지. 석이 왔어요. 절 받으세요."

"오냐. 그래, 학교 다니느라 많이 애먹었지? 이리 앉아라."

"네…."

"공부는 열심히 한 거냐? 어디 성적표 좀 보자."

"네. 여기 있어요."

"아… 어어… 그럼 그렇지! 우리 석이가 1등을 했구나! 참 잘했다! 석이 엄마! 이리 좀 와 봐."

"네… 왜요?"

“왜는 무슨 왜. 우리 저 돼지 잡아야 돼. 얼른 잔치 준비해. 우리 석이가 대구에 가서 1등을 했대. 빨리… 빨리 준비하자고.”

“어머, 그게 정말이에요? 우리 석이 참 장하구나. 살다 보니 이런 날도 오네요.”

잔치가 벌어졌다. 동네 사람들과 친척들이 몰려왔다. 재산 목록 1호였던 돼지가 떡하니 상 위에 올라왔다.

“석이 아버지, 아들 하나 잘 두셨네. 대구에 있는 중학교까지… 그래, 공부 성적은 어때요?”

“앞으로 두고 볼 일이지요. 그래도 이번에는 1등을 했나 봅니다.”

“석이 아버지는 자식 하나는 잘 뒀어, 정말.”

돼지를 잡아 잔치를 연 사건은 아들에게 엄청난 충격으로 다가왔다. 1등 성적표를 보고 좋아하시던 아버지 모습이 잊히지 않았다. 그날 이후 아들의 행동이 조금씩 달라졌다. 손 놓고 있던 공부를 시작했다. 애써 외면하려 했던 마음의 소리에 집중했다. 이를 악물었다. 그로부터 17년 후 아들은 대학교수가 되었다.

세월이 흘러 자신의 아들이 중학교에 입학했을 때의 일이다. 대학교수가 된 아들은 자신의 아들과 함께 고향을 찾았고, 백발이 된 아버지께 오래전 일을 고백하려고 했다.

“아버지. 제가 중학교 1학년 때 처음 1등 하고 잔치했을 때 사실은….”

그때 아버지가 후! 하고 담배 연기를 내뿜고는 아들의 말을 잘랐다.

“알고 있었다. 네 아들 듣는다. 그만해라.”[5]

　한 일간지에 실린 어느 대학 총장의 이야기를 재구성해 본 것이다. 고학력자가 아닌 평범한 농부라 해도 아버지는 위대하다. 위대한 꿈을 품고 위대한 메시지를 자식들에게 전해 주기 때문이다. 미국 제33대 트루먼 대통령이 말했다. "나는 스스로를 위대한 인물이라고 생각하지 않지만 위대해지고자 노력하는 동안만큼은 위대한 시간을 보냈다."라고. 그렇다. 당신이 위대한 인물이 아닐지라도 위대한 아버지가 되고자 노력하는 동안만큼 당신은 위대한 시간을 보낼 수 있다.

　그 잔치는 아들에게는 준열한 책망이었으며 동시에 한없는 기대와 믿음을 전해 준 메시지였다. 아주 독특하고 탁월한 메시지 전달 방식이자 양육 방식이었다. 아버지의 현명함 덕분에 결국 아들도 아버지도 그리고 이야기를 들은 우리들까지도 행복해졌다. 이렇듯 행복은 아버지로부터 시작된다.

◎ 평범한 아빠의 작은 신념이 '웹스터 대사전'을 탄생시키다

　노아 웹스터가 1783년에 저술한 《미국 철자법 교본》은 미국 역사상 가장 많이 팔린 책으로 기록되어 있다. 그러나 웹스터는 이 책의 성공에 만족하지 않았다. 1807년부터 1828년까지 장장 21년에 걸쳐 미국식 영어의 신기원을 이룩한 《미국 영어 사전》을 펴냈다. 흔히 웹스터 대사전이라 불리는 이 사전 역시 철자법 교본 못지않게 많이 팔려 나갔다.

　웹스터는 미국이 영국으로부터 정치, 군사적 독립뿐 아니라 정신적 독립을 하기 위해서는 독자적인 교과서가 필요하다고 생각했다. 그래서 만든 것이 《미국 철자법 교본》이었다. 그런 의미에서 이 책은 그만의 성공이 아니라 미국의 성공이요, 미국의 재산이라고 할 수 있다. 그는 영국과는 차별화된 고유의 발음, 문법, 철자법을 통해 미국적인 문화를 형성하는 데 큰 도움을 주기도 했다.

스펠링과 문법 및 용례는 실생활과 일상 회화를 반영해야 한다고 생각한 그는 《미국 영어 사전》 속에 그 신념을 고스란히 담아냈다. 전문가들은 말한다. 웹스터의 이런 신념이 모든 미국인들의 뇌리에 깊이 파고들어 오늘날 미국이라는 나라에, 미국식 영어에 자부심을 가지게 한 거라고.

웹스터는 어떻게 해서 그토록 방대하고 획기적인 사전을 펴낼 수 있었을까? 그것은 아들을 훌륭하게 키워 보겠다는 아버지의 남다른 관심과 교육 방식 덕분이었다.

웹스터의 아버지는 아들의 언어 교육을 위해서 자신은 영어를, 어머니는 프랑스어를, 할아버지는 독일어를 사용하도록 했다고 한다. 그것도 부족해 농장에 외국인을 고용해 그 나라말을 사용하게 했다. 웹스터는 가족들과 외국 농부가 사용하는 각각의 외국어를 자연스레 익혔고, 한꺼번에 4개 국어를 말할 수 있게 되었다.

이렇게 길러진 다양한 언어 능력은 그가 웹스터 대사전을 편찬하는 원동력이 되어 주었다. 비록 평범한 아버지라고 하더라도 자녀가 지니고 있는 가능성을 보고 나름의 독특한 양육 방식을 묵묵히 실행에 옮기면 위대한 사람을 탄생시킬 수 있다. 웹스터의 아버지도 대학 총장의 아버지도 자녀 교육에 대해 특별한 지식을 가진 것도 아니고 체계적인 교육을 받은 적도 없었다. 다만 자녀의 미래에 대한 남다른 관심이 있었을 뿐이다. 그 관심이 자신만의 독특한 양육 방식을 만들었고 실천하게 한 것이다. 그리고 위대한 결과를 가져왔으며 아버지 자신은 물론 가족 모두가 행복해졌다. 자신과 가족 그리고 세상에 행복을 선물하는 것, 세상의 모든 아버지들의 특권이며 의무다.

평범한 아빠의
소박한 사랑이
비범한 인물을 만든다

◎ 가난한 구두 수선공, 위대한 동화 작가를 키워 내다

한스는 덴마크 핀 섬에 위치한 오덴세라는 작은 도시에 사는 가난한 구두 수선공이다. 아내는 남의 집 가정부로 일했다. 그 도시는 돈이 많은 지주들과 귀족들이 모여 사는 곳이었다. 한스에게는 아들이 하나 있었는데 늘 외톨이 신세였다. 가난하다고 동네 아이들이 같이 놀아 주지 않았기 때문이다. 한스는 늘 안타까웠다. 아들 앞에서는 내색하지 않았지만 화가 났다. 그럴수록 상냥한 목소리로 아들에게 말했다.

"아이들이 너하고는 안 놀겠다고 하니? 그럼 아빠하고 놀자."

한스는 아들의 손을 잡고 거리를 산책했다. 함께 길을 걸으며 아들에게 자신이 어렸을 때 추위에 떨며 배고픔을 참아 내던 이야기를 들려주었다. 다른 사람들이 어렵게 살지만 부자처럼 인색하지 않고 훈훈한 인정을 나누며 살아가는 모습에 대해서도 말해 주었다. 어린 아들은 항상 눈을 똥그랗게 뜨고 아버지를 쳐다보며 그의 이야기를 들었다. 눈물도 흘리고 때로는 껑충껑충 뛰며 기뻐하기도 했다.

부잣집 아이들은 거리로 몰려나와 제각기 부모가 사 준 장난감을 뽐내며 놀았다. 한스의 아들은 오로지 부러운 눈빛으로 멀리서 바라보았다. 그런 아들의 모습을 볼 때마다 한스는 가슴이 저려 왔다. 한스는 궁리했다.

'돈이 없어서 값비싼 장난감을 사 주진 못하지만 장난감을 직접 만들어 주면? 그렇지. 그렇게 해야겠군!'

한스는 일터에 남아 있는 나무토막을 깎아서 정성을 다해 목각 인형을 만들었다. 아들은 인형을 보고 뛸 듯이 기뻐했다. 한스는 아들의 손에 목각 인형을 쥐어 주며 말했다.

"얘야, 너 아빠하고 이걸로 인형극 놀이하지 않을래?"

"인형극이요? 그건 어떻게 하는 건데요?"

"우선 엄마한테 가서 안 쓰는 천 조각 좀 얻어 오렴."

잠시 후 아들은 빨강색 천 조각을 들고 왔다.

"그다음은 어떻게 하죠?"

"그 천으로 예쁜 인형 옷을 만들어 보자. 재미있겠지?"

아들은 어머니의 도움을 받아 서투른 솜씨지만 정성껏 인형 옷을 만들었다. 한스가 아들에게 말했다.

"인형이 아주 멋진 배우가 되었구나. 우리 연극 한번 해 보자."

아버지와 아들은 주변 물건을 가져다 소박한 무대를 꾸몄고 어머니의 스카프로 무대 막을 만들었다. 한스는 대본을 외워 그에 알맞은 동작과 대사를 익살스럽게 연기했다. 아버지의 모습에 폭소를 터뜨리던 아들은 더 실감나게 해 보려고 애썼다. 그들은 서로의 대사와 액션에 배꼽 잡고 깔깔댔다. 어느새 한스의 아내도 관객이 되어 함께 즐거워하고 있었다.

그뿐 아니다. 한스는 아들의 상상력을 자극하고 감수성을 풍부하게 해 주기 위해 낡고 허름한 집을 예술가의 작업실처럼 꾸며 놓았다. 그림, 장식용 공예품, 그리고 인형극에 사용하던 목각 인형이 조화를 이루고, 동화책과 악보가 책장 가득 채워진 아늑한 공간이었다. 집 안에 작은 빈틈만 보여도 뭔가 상상력을 자극하는 물건을 가져다 놓으려 힘썼다.

한스는 아들에게 《라퐁텐 우화》, 《아라비안나이트》와 홀베르그 또는 셰익스피어의 희곡을 읽어 주곤 했다. 집의 분위기와 점점 더 깊이를 더해 가는 아빠와의 연극 놀이, 그리고 책 읽기까지 보태지면서 아들은 점점 다채로운 스토리와 등장인물들에게 매료되었다. 마치 동화 속 나라를 여행하는 것 같은 환상에 푹 빠져들었다. 더 많은 스토리와 인물들을 만나 보기 위해 끊임없이 책을 읽었다.

한스는 아들과 함께 거리를 걸으며 아들에게 열심히 일하는 장인들, 장사꾼들의 모습을 유심히 관찰하게 했고, 귀족들이 얼마나 거만하게 잘난 척하는지, 걸인들이 얼마나 비굴하게 빵을 구걸하는지도 살펴보게 했나. 세상의 수많은 사람들이 어떻게 살아가는지를 생생하게 일깨워 주기 위함이었다. 덕분에 아들은 사람들의 실제 모습과 동화책에 묘사된 모습이 어떻게 다른지 또 어디가 비슷한지를 배울 수 있었다.

물론 한스는 아들이 장차 어떤 사람이 될지, 스스로가 아들을 어떻게 키우고 있는지도 알지 못했다. 하지만 자신이 보여 준 그 모든 것이 아들의 삶에 어떤 영향을 줄 것이라는 점만은 분명히 알고 있었다. 무엇보다 비록 가난해도 부자보다 더 행복하게 살 수 있다는 것을 알려 주려 애썼다.

이런 노력 덕분일까? 그의 아들 한스 크리스티안 안데르센은 《인어공주》, 《벌거숭이 임금님》, 《미운 오리새끼》와 같은 감동적이고 섬세한 동화를 세상에 선보였다.[6)]

한스는 아들을 위대한 작가로 키우려고 의도하지 않았다. 다만 아버지로서 아들을 사랑하고 행복하게 하려고 노력했다. 목각 인형도 깎아 주고, 무대 장치도 함께 만들고, 직접 동화 놀이의 파트너가 되어 주고, 책을 읽어 주었을 뿐이다.

한스처럼 평범한 사람도 누구나 비범한 아버지가 될 수 있다. 만약 안데르센처럼 출중한 인물이 되지 못하더라도 행복하게 자란 아이의 삶은 어른이 되어서도 행복으로 가득할 것이다. 동화 놀이를 할 때 한없이 즐거워하는 아들의 모습을 보면서 아버지 자신도 가난하지만 행복함을 느꼈다. 먼 훗날보다 일단 지금 행복하게 해 주자. 행복한 오늘이 행복한 내일을 부른다.

오늘 품은
아빠의 꿈이
내일 자녀의 운명이 된다

◎ 의학 박사, 다이빙 금메달리스트 되다

1948년 런던 올림픽 다이빙 경기장. 동양인으로 보이는 한 선수가 가슴에 성조기를 달고 10미터 플랫폼에 서 있었다. 그는 공중 3회전 반이라는 고난도 기술을 선보이려 하고 있었다. 다이빙을 하고 나면 점수가 나오기까지 걸리는 시간은 딱 16초. 그는 이 16초를 위해 지난 16년을 달려왔다. 그가 몸을 날렸다. 정확히 16초가 흐른 뒤 그는 올림픽 금메달리스트가 되었다. 꿈이 현실이 되는 순간이었다.

시상식에서 미국 국가가 울려 퍼지고 수많은 관중의 환호가 터져 나왔다. 왁자지껄한 함성 속에서 그 선수에게는 오직 한 목소리만 들려왔다. "네가 마음만 먹으면 뭐든지 이룰 수 있단다." 하고 외치는 아버지의 목소리. 그 선수가 바로 한국계 미국인 최초, 동양인 최초로 올림픽 다이빙 종목에서 금메달을 차지한 새미 리다.

그는 신장 155센티미터의 단신이지만, 1952년 헬싱키 올림픽 10미터 플랫폼에서도 또다시 금메달을 땄다. 2연패는 올림픽 남자 다이빙 종목에서 처음이었고, 당시 32세의 나이로 최고령 금메달리스트로 기록되기도 했다. 그뿐 아니라 그는 이비인후과 전문의로도 활동했다. 보기 드문 '의학 박사 금메달리스트'였던 셈이다.

1953년 그는 미국 아마추어 운동선수에게 수여하는 가장 영예로운 상인 제임스 설리반 상을 받았다. 다이빙 코치로도 활약하면서 후배 선수들이 메달을 따며 좋은 성적을 거둘 수 있도록 지도했다. LA에는 그의 이름을 딴 초등학교도 있다. 사람들은 그를 '작은 거인'이라고 부른다.

새미 리가 열두 살 때였다. 그는 동네 공용 수영장 안에서 즐겁게 수영하는 백인 아이들을 철조망 밖에서 지켜보고 있었다. 함께 수영하고 싶었지만 그건 불가능했다. 유색 인종은 수요일 딱 하루만 수영장에 들어갈 수 있었다. 그때 새미 리의 눈길을 끈 것은 다이빙 보드였다. 아이들은 그 위에서 공중으로 휙 몸을 날려 치솟았다가 제각기 멋진 동작으로 회전하며 물속으로 사라졌다. 새미 리는 자신도 다이빙을 할 수 있을 것 같았고, 꼭 해 보고 싶다는 생각이 간절했다. 드디어 기다리던 수요일, 제일 먼저 수영장에 들어간 새미 리는 다이빙 보드에 올라가 공중을 향해 뛰었다. 한 친구의 도움을 받아 더 높은 곳으로 올라가 회전하며 물속으로 다이빙했다. 그 후 다이빙은 새미 리의 취미이자 특기, 그리고 삶의 목적이 되었다.

새미 리가 다이빙에 빠져들기 시작할 무렵 그의 아버지 이순기 씨는 힘든 시간을 보내고 있었다. LA 인근을 전전하며 일했지만 가족의 생계 유지와 아들을 위한 교육비는 늘 부족했다. 보다 나은 삶을 위해 미국으로 왔지만 특별한 기술이나 자본이 없어 근근이 생활하고 있었다.

그러던 어느 날 작은 식당을 열어 보기로 결정했다. 식당 자리를 얻기 위해 LA 일대를 발이 닳도록 걸어 다녔다. 점포 주인들은 그가 유색 인종이라는 이유로 임대를 거부했다. 아니면 터무니없이 비싼 집세를 요구했다. 포기하지 않고 계속 찾고 또 찾았다. 가까스로 식당 자리를 하나 얻었다. 생활의 어려움은 좀처럼 풀리지 않았지만, 이순기 씨는 아들을 향한 희망, 그것 하나는 결코 놓지 않았다.

"아버지, 전 다이빙이 좋아요. 전 다이빙 선수가 되고 싶어요."

새미 리는 아버지에게 입버릇처럼 말했다. 그럴 때마다 이순기 씨는 대답했다.

"애야, 그러려무나. 네가 마음만 먹으면 이루지 못할 것이 없단다. 하지만 난 네가 의사가 되면 더 좋겠구나."

그러자 새미 리가 말했다.

"아버지, 그럼 전 의사도 되고 다이빙 선수도 될게요."

"그래, 네가 포기하지 않는다면 넌 반드시 해낼 수 있을 거다."

이순기 씨는 그날부터 더욱 기대감 가득한 시선으로 아들을 바라보았다. 아들은 정말 의사가 되기 위해 열심히 공부했다. 다이빙 연습도 게을리하지 않았다. 이순기 씨 역시 식당에서 땀 흘려 일하며 돈을 벌었다. 번 돈은 은행에 저금했고 손님들에게 받은 팁은 아들을 생각하며 작은 구두 박스에 넣었다. 그때마다 입버릇처럼 말했다. "네가 마음만 먹으면 뭐든지 이룰 수 있다."라고.

하루는 식당에서 어떤 손님이 이순기 씨에게 터무니없는 트집을 잡으며 모욕적인 말을 했다. 그는 손님과 싸움을 피하기 위해 참고 또 참았다. 멀리서 새미 리가 그 광경을 지켜보고 있었다. 손님이 나간 뒤 화가 난 아들이 아버지에게 왜 그런 무례한 사람을 그냥 놔두느냐며 따졌다. 아버지는 아들에게 "우리가 지금은 비록 업신여김을 받으며 살지만 네가 의사가 되면 아버지도 마땅한 존경을 받게 될 거란다. 네가 마음만 먹으면 뭐든지 이룰 수 있다."라고 말했다. 그 말을 듣고 아들은 자식을 위해 자신을 버리고 헌신하는 아버지의 간절한 꿈을 알게 되었다. 새미 리는 아버지의 기대와 믿음을 저버리지 않기로 결심했다. 다시 한 번 의사와 다이빙 선수로서의 꿈을 떠올렸다.

그는 수요일마다 수영장에 가서 다이빙 연습을 꾸준히 했다. 그러던 어느 날이었다. 수영장에서 짐 라이언이라는 다이빙 코치를 만났다. 그 때부터 새미 리는 다이빙을 체계적으로 배우게 되었다. 주된 훈련 장소는 수영장이 아니었다. 라이언 코치의 집 뒤뜰에 있는 모래 연습장이었다. 수영장은 수요일만 이용할 수 있어서 나머지 엿새는 모래 더미 위로 뛰어내리며 연습했다. 뛰어내릴 때마다 눈과 코, 귓속으로 모래가 들어갔다. 잘못 떨어지면 이마가 찢어지기 일쑤였다. 하지만 그는 하루도 빠짐없이 연습했다.

새미 리의 첫 번째 목표는 1940년 헬싱키 올림픽에 참가하는 것이었다. 그러나 아쉽게도 제2차 세계 대전이 발발하여 헬싱키 올림픽은 무기한 연기되었다. 그는 크게 실망했다. 설상가상 1943년에는 아버지가 심장마비로 돌아가셨고, 아들은 깊은 절망감에 빠졌다. 그때 그에게 용기를 준 것은 아버지가 남겨 놓은 구두 상자였다. 그 상자에 들어 있는 돈은 돈이라기보다는 아들을 향한 아버지의 유훈이었다. 새미 리는 아버지의 꿈을 이루어 드리기 위해 노력했고 1946년 마침내 의사가 되었다.

의사가 된 새미 리는 날마다 퇴근 후 병원 근처 수영장에서 다이빙 연습을 했고, 1946년 전국 다이빙 챔피언십에서 우승하며 올림픽 챔피언의 꿈에 한 발짝 다가섰다. 목표는 1948년 런던 올림픽. 다소 늦은 28세의 나이로 올림픽에 출전한 그는 한국 이민자의 아들로서 미국의 국가대표 선수가 된 것 자체가 벅찬 감격이었다. 첫 경기는 3미터 스프링보드. 값진 동메달을 땄다. 하지만 그의 주 종목은 10미터 플랫폼. 새미 리는 다이빙을 위해 플랫폼 위에 섰다. 열두 살부터 스물여덟 살까지 16년 동안 기다려 온 순간이었다. 공중으로 몸을 날렸다. 16초 후에 그는 자신의 꿈을 이루었다. 다이빙 올림픽 금메달을 딴 것이다. "마음만 먹으면 무엇이든 이룰 수 있다."라고 말하며 아들을 격려한 아버지의 꿈이 위대한 이야기의 주인공, 작은 거인을 탄생시켰다.[7]

모든 아버지들은 자녀가 훌륭한 인물이 되었으면 좋겠다는 희망을 품고 있다. 그러나 자녀가 실제로 아버지의 소망을 이루는 경우는 많지 않다. 아버지의 소망이 구체적이지 못하고 막연히 '훌륭한 사람'일 뿐이기 때문이다. 또는 피아니스트, 뮤지션, 골퍼 등 구체적인 희망이 있는 경우에도 그것을 전달하는 방법이 너무 평범해서 자녀들의 가슴에 깊이 와 닿지 않는다. 이순기 씨는 아들에게 하고 싶은 말을 구두 상자에 담아 전했다. 구두 상자에 든 아버지의 간절한 소망이 아들의 마음을 움직인 것이다. 결국 아버지와 아들의 꿈 전부가 이루어졌다.

오늘 품은 아버지의 꿈이 내일 자녀들의 운명이 된다.

세상의 모든
행복과 불행에는
반드시 '아빠 요인'이 있다

최근 어느새 마흔을 바라보게 된 딸의 전화
를 받았다. 의논할 일이 있어 온다는 것이다. 우리 집은 오래전부터 의논
할 때면 치킨을 시켜 먹곤 했다. 그날도 가족이 둘러앉아 치킨을 먹으며
이런저런 얘기를 나누었다. 피식, 나는 웃음이 났다. 갑자기 딸이 중학교
다닐 때의 일이 생각났기 때문이다. 학교에서는 매주 한 번씩 전교생이
운동장에 모여 조회를 했는데, 애국가를 부를 때면 학생 중 한 명이 단상
에 올라가 지휘를 해야 했다. 그날은 바로 딸아이 순서였다. 딸아이는 오
른쪽 끝에 있는 3학년 10반의 맨 앞줄 옆에 서 있었다. 단상까지 빨리 뛰
어가기 위해서였다. 선생님 한 분이 줄을 맞추다가 물어보았다.

"넌 몇 반인데 거기 혼자 서 있니?"

"3학년 11반인데요."

"11반?"

"네, 11반이요."

선생님은 웃음을 터트리며 소리쳤다.

"3학년 11반, 똑바로 잘 서!"

"네!"

딸아이가 그 이야기를 들려줄 때 나는 그 행동 속에서 '나'를 발견했다. 장난기 가득한 내 모습과 꼭 닮아 있었다.

◎ 19세기 영미 문단을 뒤흔든 '브론테 요인'

1847년 무명작가 샬롯 브론테는 소설 《제인 에어》를 발표해 세상을 깜짝 놀라게 했다. 이 소설은 감동적인 러브 스토리와 격렬한 사랑에 불타는 작중 인물, 당시의 인습적인 도덕에 대한 대담한 반항 등으로 일대 센세이션을 일으켰다. 문득 어린 시절, 이 소설을 읽느라 며칠 동안 밤잠을 설쳤던 기억이 떠오른다. 같은 해 샬롯의 동생 에밀리 브론테 역시 소설 《폭풍의 언덕》을 발표했다. 황량한 자연환경을 무대로 인간의 애증을 탁월하게 묘사한 소설이다. 출간 당시에는 비윤리적이라는 비난을 받았지만, 오늘날에는 인간의 정열을 극도의 단계까지 추구한 예술 작품으로 인정받고 있다. 막내인 앤 브론테도 1847년 《아그네스 그레이》, 이듬해 《와일드펠 홀의 소작인》 등의 소설을 선보였다. 그 작품들 역시 큰 관심을 받았다. 한마디로 브론테 세 자매는 19세기 영국 문단의 빛나는 보석이었다. 그런데 어떻게 한집안에서 세계적인 명작을 쓴 작가가 세 명이나 나왔을까? 답은 간단하다. 평범한 아버지 패트릭 브론테의 비범한 노력과 헌신의 결과다.

패트릭은 하워스라는 작은 도시에 살며 신부로 일했다. 게다가 아내도 일찍 세상을 떠났고, 딸아이들에게 장난감을 사 줄 돈도 없을 만큼 가난했다. 그는 이러한 삶의 어려움을 비관하는 대신 문학 작품을 감상하고 창작하는 일에 몰두했다. 문학적 명성을 얻지는 못했지만 두 권의 시집도 냈다. 패트릭은 독서와 토론을 무척 좋아했다. 그는 아이들을 위해 스토리 게임과 독서 토론을 함께했다. 자신의 서재에 있는 책, 그 이야기로 아이들과 신 나게 놀 수 있는 방법을 찾은 것이다. 아버지와 세 자매는 집에서 마음껏 스토리 게임을 했다. 가령 서로 각자의 왕국을 세운 다음 그곳의 왕이 되어 전쟁을 벌이는가 하면, 왕실이나 귀족 사이의 사랑과 증오에 관한 이야기를 지어 역할극을 하기도 했다. 깔깔대고 웃으며 시간 가는 줄 몰랐다. 그 시간 동안 마냥 놀기만 한 것은 아니었다. 누가 더 재미있는 이야기를 지어냈는지, 어떤 등장인물이 가장 멋졌는지, 인물들의 관계를 어떻게 설정해야 더 흥미로운 이야기를 만들 수 있는지 등 거리낌 없는 의견을 나누었다. 이 놀이는 큰 언니 샬롯 브론테가 아홉 살이었을 때부터 무려 6년 동안이나 계속되었다.

아버지 패트릭의 서재에는 문학 책이 무척 많았다. 아버지가 출근하면 세 자매는 서재에 모여 책을 읽었고, 아버지가 돌아오면 읽은 내용에

대해 열띤 토론을 했다. 패트릭은 독서량이 풍부해서 아이들의 질문에 일일이 대답해 주었고, 더불어 문제의식과 상상력, 통찰력을 유발하는 질문을 던질 수 있었다. 아이들은 종이를 펼쳐 놓고 스토리를 모아 소설을 쓰기도 하며 문학 작품의 매력에 점점 빠져들었다. 그 과정에서 자연스레 지식과 교양을 흡수했다. 작은 집에서 세계 아니 우주를 여행하며 수많은 이야기 속 인물들과 소통했다. 그것이 그들이 받은 문학 수업의 전부였지만, 모두 주옥같은 작품을 세상에 내놓았다.[8]

세 자매의 아버지 패트릭은 많은 책을 구해서 서재에 두었다. 아이들이 단순히 책을 읽는 데 그치지 않고, 작가의 생각을 읽어 내고 작가와 토론하고 책 속 인물들과 소통하기를 바랐다. 책을 양식으로 삼는 삶의 방식, '브론테'라는 아버지 요인이야말로 브론테 문학의 핵심 동력이었다.

◎ 신발가게 판매원이던 잭, 대통령의 아빠가 되다

미국 중서부 미드웨스트에서 태어난 잭은 구두 판매원으로 일하며 겨우 입에 풀칠하는 삶을 살고 있었다. 잭은 어려운 처지를 술로 버텼다. 잭의 아들 론은 초등학교 1학년이었다. 집이 없어서 이곳저곳 이사를 다녔는데, 떠돌아다니는 생활 탓에 론에게는 친구가 없었다. 그러던 중 일리노이 주의 작은 마을, 게일스버그로 이사를 가게 되었다. 론은 새집을 구석구석 살피다 다락방에 올라갔다. 그곳에는 전에 살던 사람이 남겨두고 간 여러 종류의 새알, 나비가 수집된 유리관이 있었다. 론은 호기심

어린 눈으로 몇 시간씩 그 알과 나비들의 신비로운 색깔, 다채로운 색의 조화, 정교한 날개를 관찰했고, 그 신비로움에 빠져들었다.

론은 어른이 된 후 그 기이함에 대해 이렇게 말했다. "그때 그 일은 창조주에 대한 경외심을 갖게 했고, 일평생 뇌리에서 떠나지 않았다." 그 경험으로 어린 소년의 머릿속에 조물주의 존재가 자리 잡게 된 것이다. 소년은 자신의 영원한 친구, 언제 어디를 가나 함께 있어 주며 등 돌리고 떠나지 않는 친구, 즉 신이 있다고 생각하게 되었다.

아들 론이 조물주를 만나게 된 것은 아버지 잭의 의도와는 상관없는 일이었다. 그는 다만 이사를 한 것뿐이지만 결과적으로는 아들 론에게 세상을 창조한 조물주의 존재를 일깨워 주었다.

론이 열한 살 무렵 눈이 오는 2월의 어느 날이었다. 집으로 돌아온 론이 대문을 열자 술 취해 쓰러진 아버지가 보였다. 아버지의 온몸에 눈이 덮여 있었고, 머리와 얼굴도 녹아내린 눈 탓에 엉망이었다. 입에선 위스키 냄새가 진동했다. 론은 아버지 곁으로 다가가 잠시 그 모습을 들여다보며 생각했다. 그냥 못 본 체 방으로 들어가고 싶었다. 그러나 론은 아버지를 부축해 침대에 눕혔다. 행여나 감기 걸리실까 아니면 이웃이 볼까 걱정되었기 때문이었다. 론은 화가 나지 않았지만 슬펐다. 며칠 후 론은 어머니를 따라 교회에 가서 세례를 받았다.

그 무렵 론에게는 또 하나의 인상적인 사건이 일어났다. 7월 4일 독립 기념일 전날 밤, 우연히 폭죽을 손에 넣었다. 법적으로 금지된 그런 종류의 것이었다. 론은 오후에 강으로 나가 그 폭죽을 터뜨렸다. "펑!" 하는 굉음과 함께 불꽃이 하늘로 치솟았다. 론은 스스로 무언가 해냈구나 하는 생각에 뿌듯했다. 바로 그때 한 사람이 다가와 론에게 말을 걸었다.

"네가 폭죽을 터뜨렸니?"

"그런데요?"

"네 이름이 뭐니?"

"론이요."

"알았다. 이 차에 타라."

"싫어요. 낯선 사람의 차에는 타지 말라고 했어요."

"너 이게 뭔지 아니? 경찰 배지야. 빨리 타!"

"왜 그러세요? 어디로 가는 거죠?"

"네 아버지는 누구냐?"

"잭이요. 저를 왜 끌고 가는 거예요?"

얼마 후 차는 경찰서에 도착했고 론은 경찰서장 앞에 섰다. 서장은 곧바로 아버지 잭에게 전화를 걸어 상황을 설명했고, 론이 벌을 받아야 한다고 말했다. 잭은 경찰서로 달려와 12달러 5센트의 벌금을 내고 론을 집으로 데려왔다. 그리고 사뭇 근엄한 표정으로 말했다.

"네가 잘못해서 벌금을 냈으니 그 돈은 네가 책임져야 한다."

"전 돈이 없는데요. 아버지!"

"그렇다면 내가 너에게 12달러 5센트를 빌려 주지. 그러나 무슨 일이 있어도 일 년 안에 반드시 갚아야 한다. 알겠니?"

"네, 아버지."

그 후 론은 아르바이트를 시작했다. 식당에서 설거지를 하거나 폐품을 모으는 일이었다. 6개월에 걸쳐 꾸준히 아르바이트를 했고 12달러 5센트를 모았다. 드디어 아버지에게 빌렸던 돈을 모두 갚았다. 그때 잭이 아들의 어깨를 툭툭 치며 말했다.

"나는 못했지만 너는 자신의 행동을 책임질 줄 아는 사람이 되어라."

그 일을 겪은 후부터 론은 자신이 한 모든 일은 반드시 자신이 책임져야 한다는 생각을 하게 되었다. 자기 잘못을 아버지가 아니라 그 누구라 한들 대신 책임져 줄 수 없다는 것을 배웠다. 후일 J. 카터를 누르고 미국 제40대 대통령에 당선된 로널드 레이건은 종종 유년 시절에 겪은 이 일을 언급하며 아버지에게서 책임질 줄 아는 사람이 되는 법을 배운 것이 평생 큰 도움이 되었다고 했다.

"자신의 힘으로 잘못을 책임진 경험 덕분에 '책임을 진다'는 게 뭔지 제대로 깨닫게 됐어요."

로널드 레이건 대통령의 아버지, 떠돌이 신발 판매원 잭은 의도적으로 아버지 노릇을 한 것이 아니다. 가난해서 이곳저곳 이사하다 보니 우연히 아들로 하여금 신의 존재를 생각하게 했고 술 취한 모습을 보여 교회에 나가도록 했을 뿐이다. 물론 폭죽 사건 때는 아들을 바르게 훈계했다. 결과적으로 아들에게 많은 것을 가르쳐 주었다. 책임질 줄 아는 사람이 되게 했고, 모든 것을 스스로의 힘으로 해야 한다는 생각을 심어 주었다. 성공은 자신에게서 시작되는 것이지 누가 나누어 주는 그런 선물 같은 것이 아니라는 걸 알려 주었다. 그 결과 힘든 상황에 대처하는 능력을 키우게 되었고 그것이 정신적 자산이 되어 위대한 인물이 되었다. 바로 레이건 대통령의 성공에서 발견할 수 있는 아버지 요인이다.

세상의 잣대로 크게 성공하지 못한 아버지, 집도 절도 없는 아버지, 술 취한 모습을 보이는 아버지, 카드놀이 하는 모습을 보이는 아버지, 열등감에 빠진 아버지도 자식을 이끄는 아버지다. 모든 것을 다 잘해야 하는 것이 아니다. 세상에 완벽한 아버지란 존재하지 않는다. 평범한 아버지도 부족한 아버지도 자식들에게 좋은 영향을 끼칠 수 있다.

세상 모든 아들딸의 행복과 불행에는 반드시 아버지 요인이 존재한다.[9]

◎ 나쁜 기억은 쓰라린 현실로 재생된다

A씨는 한 시골 마을에서 팔순 아버지와 산다. 그들이 사는 집은 지은 지 너무 오래되어 곳곳이 부스러져 있었다. 집에는 고양이 30여 마리가 돌아다니고, 집 안 구석구석 고양이 똥 냄새가 진동했다.

팔순 아버지의 방은 언제나 안에서 자물쇠로 잠겨 있었다. A씨는 날마다 그 방을 향해 온갖 입에 담지 못할 욕설을 퍼부었다. 아버지는 몸을 부들부들 떨며 공포에 떨었다. A씨는 아버지가 눈에 띄면 사정없이 손으로 때리고 발로 찼다.

그렇게 날마다 아버지에게 욕을 퍼부었고 마치 노예처럼 다뤘다. 그러다 지치면 A씨는 고양이들에게 사료를 던져 줬다. 고양이는 배불리 먹이면서도 아버지는 굶겼다.

A씨는 왜 그런 행동을 했을까? 아들 A씨는 어린 시절 아버지로부터

한 번도 따뜻한 말을 듣지 못했다. 애정 표현을 들어 본 적이 없었다. 매사에 깔끔하고 완벽한 성격이었던 아버지의 눈에 아들의 모든 행동은 만족스럽지 못했다. 아버지는 아들을 무조건 덮어놓고 때리고 보는 '군대식'으로 키웠다. 그러나 군대식이 통하는 것도 한계가 있었다. 아들은 머리가 굵어지면서 아버지에게 맞고만 있지 않았다. 따지고 대들었다. 아들이 말대꾸할 때마다 아버지는 손찌검을 했다. 옆에서 보다 못한 어머니가 나서다 대신 맞기도 했다. 아버지가 술을 마시고 오는 날은 더 무시무시한 폭력이 벌어졌다. 어머니가 맞는 모습은 아들에게 또 다른 '폭력'이었고, 아들의 기억 속 아버지는 '폭군'이었다.

아버지로 인한 나쁜 기억은 아들과 아버지 모두에게 쓰라린 현실로 재생된다.[10]

《제인 에어》는 샬롯 브론테가 쓴 소설이지만, 그 시작은 샬롯의 내부에 있던 아버지 요인 덕분이었다. 《미운 오리새끼》와 《벌거숭이 임금》이라는 동화도 마찬가지다. 작가인 한스 안데르센의 탁월성에 못지않게 아버지의 영향도 컸다. 박찬열이 경북대 총장이 된 것도 로널드 레이건이 대통령이 된 것도 아버지 요인의 업적이다. 부정적인 결과이긴 하나 팔순 아버지에게 욕설과 매질을 서슴지 않는 것 역시 아버지 요인이라 할 수 있다.

평범한 아버지의 소박한 자녀 사랑이 비범한 인물을 만든다. 오늘 품은 아버지의 꿈이 내일 자녀의 운명이 된다. 아버지의 특별한 양육 방식이 가족의 행복을 여는 황금 열쇠다. 세상의 모든 행복에는 반드시 아버지

요인이 있다. 행복도 불행도, 위대한 인물이나 위대한 업적도 아버지로부터 시작된다. 아버지가 행복해야 가정이 행복하고 세상이 행복해진다.

오늘날 우리는 굳이 말하지 않아도 이런 아버지 요인의 존재와 그 영향력을 잘 알고 있다. 다만 현재 삶이 너무 고단해서 신경 쓸 여력이 없을 뿐이다. 외면하는 아버지들이 너무 많다.

내 안의 아빠 요인

- 강혜원

초등학교 6학년 때까지 나는 하루에 오백 원씩 용돈을 받았다. 그 돈으로 떡볶이도 사 먹고 조금씩 모아서 갖고 싶던 예쁜 수첩을 사기도 했다. 그러다 중학생이 되었을 때 나는 용돈을 올려 받아야겠다고 생각했다. 이 책의 저자인 아버지께 말씀드리자 내게 이유를 물으셨다. "중학생이라고 무조건 올려 줄 수 없다. 왜 올려 받아야 하는지에 대해 논리적으로 설명해야 한다."는 것이었다. 나는 고민을 거듭해 결론을 내렸다. 그게 내 인생 최초의 기획서이자 품의서였다.

그때 내 논리는 이랬다. '몸집이 커져서 간식비가 더 많이 든다.' '중학교 친구들은 집이 멀어 서로의 집에 가서 함께 놀기 힘들다. 밖에서 모여 놀려면 돈이 더 필요하다.' 등등 몇 가지 이유를 말씀드렸다. 사실 다 핑계고 나는 좋아하는 가수의 카세트테이프를 갖고 싶었다. 이유야 어찌 되었든 조목조목 쓴 기획서로 나는 아버지의 마음을 움직일 수 있었다.

그날부터 난 필요할 때마다 기획서를 썼다. 방학이 되면 누구나 짜는 생활계획표가 아닌 중·장기목표를 세웠다. 또한 이를 달성하기 위한 단기 계획, 일일 계획을 세웠다. 방학이 되면 어김없이 그랬다. 고등학생이 되었을 때는 사명 선언문과 미래 이력서를 썼다. 아버지가 내 주신 이 숙제들로 인해 나는 많은 것을 배웠다. 무얼 시작하기 전에 먼저 계획을 꼼꼼히 세우는 사람이 되었는데, 이는 직장 생활에서 큰 도움이 되었다.

아버지는 다정한 사람이 아니었다. 하지만 아버지와 나는 자주 식탁에서 치킨을 먹으며 대화했다. 고등학교를 다닐 때도 어느 대학 무슨 과에 지원할지 등 중요한 결정을 할 때마다 "네 생각은 뭐니? 왜 그렇게 생각하니?" 하고 물으셨다. 단 한 번도 "무엇을 해라."라고 직접적으로 말씀하신 적이 없다. 내 대답이 논리적으로 타당하면 아버지는 고개를 끄덕이셨고, 나는 그 행동을 허락으로 여겼다. 아버지의 생각이 나와 다를 때에도 하나의 의견으로 제안하셨을 뿐이고, 결정은 항상 내가 내리게 하셨다.

이렇듯 어린아이였던 나를 인격체로 대해 주신 아버지의 영향으로 나는 목적의 식이 명확한 사람으로 성장했다. 나의 생각을 자신 있게 표현하고 스스로 고민해 의사 결정을 내리는 데 익숙한 사람이 되었다. 이 글을 쓰는 서른여덟의 나는 지금 새로운 도전을 눈앞에 두고 있다. 내일이면 10년도 넘게 일한 컨설팅 회사를 떠나 전혀 다른 분야의 회사로 출근한다. 낯선 분야, 낯선 일터로 출근할 수 있는 용기는 내 안에 있는 아버지 요인 덕분이다.[11)]

"도대체 아빠는 왜 있는지 모르겠어요."

가만히 귀 기울여 보면,

이 말 속에 숨은 진짜 의미를 들을 수 있다.

"아빠, 어디 계세요?" 하며 잃어버린 아빠를 찾는 목소리다.

잃어버린 아빠를 찾아서

　　　　" 배고픈 사자가 냄새를 맡고 둥지에 있는 타조 새끼들을 잡아먹으려고 다가온다.
아빠 타조는 어설픈 날갯짓으로 금방이라도 땅에 떨어질 듯 비틀거린다. 날다가 떨어졌다
가 다시 날아올랐다 떨어지는 걸 반복한다. 따라오는 사자는 힘 안 들이고 배를 채울 수 있
다고 여기며 아빠 타조를 계속 따라간다. 비틀비틀 걷다가 넘어졌다가 또 도망치려 애쓰는
아빠 타조. 사자는 여유롭게 천천히 추격한다. 타조는 그렇게 사자를 유인한다. 사자가 새끼
들이 있는 둥지에서 충분히 멀어지면, 아빠 타조는 갑자기 날개를 활짝 펴고 창공으로 치솟
는다. 새끼들을 지키기 위해 최선을 다하는 아빠 타조, 누구보다 믿고 의지할 수 있는 훌륭
한 아버지다.

일보다
가족에게 더 초점을
맞추는 아빠

동물연구가들의 말에 의하면 먹이를 사냥하고 돌아온 아빠 늑대와 굴에서 기다리던 엄마 늑대가 만나는 장면은 황홀경의 극치라고 한다. 아빠 늑대가 다가오면 엄마는 탄성을 내지르며 열광적으로 환영의 신호를 보낸다. 배를 깔고 엎드린 채로 꼬리를 등 위로 올라오게 하고서 미친 듯 흔들어 댄다. 그리고 혀로 아빠 늑대의 얼굴과 가슴, 온몸에 무아지경의 키스 세례를 퍼붓는다.

아이들도 엄마에 뒤질세라 서로 더 큰소리로 아빠를 환영하려고 경쟁을 벌인다. 아빠의 입 근처에 뽀뽀를 해 대는 것은 물론, 아빠의 얼굴과 머리를 앞발로 치고, 코로 비벼 대고, 심지어 물어뜯기도 한다.

이벤트가 끝날 무렵 아빠 늑대는 몸을 솟구쳐 몇 발자국 뒤로 물러선다. 그리고 입을 크게 벌려 방금 사냥해 온 음식을 토해 낸다. 그는 새끼들이 서로 다투지 않고 먹을 수 있도록 몇 번에 걸쳐 따로 토해 놓는 배려도 잊지 않는다. 아빠 늑대는 가족들에게 줄 먹이를 사냥하기 위해 목숨을 걸고 싸웠다. 아내나 아이들은 그것을 아는지 모르는지 그저 먹는 데 몰두한다. 그래도 아빠 늑대는 서운하지 않다. 아내와 아이들과 같은 굴에서 함께 있는 그 자체가 행복하다. 가족들에게 먹을 것을 줄 수 있음이 뿌듯하다.[12] S의 경우를 보자.

"어서 오세요. 수고하셨어요."

자정이 넘은 시간인데도 아내는 말쑥한 차림으로 다소곳이 남편을 기다린 기색이었다.

"어, 당신 아직도 안 잤어?"

S가 겸연쩍어 하는 목소리로 말을 받았다.

"자기는요. 오늘은 아주 특별한 날인데… 자, 양복 벗고 앉으세요."

"이건 웬 술상이지? 아주 근사한데?"

"자, 술 한 잔 받으세요. 당신 승진 축하해요. 정말 대단해요. 그동안 고생 많았어요."

"아니야. 당신이 이해해 주고 도와준 덕분이지."

"그런데 한 가지 부탁이 있어요. 꼭 들어 주세요."

"뭔지 몰라도 약속하지. 뭔데?"

"내일 회사에 가서 사표 내고 오세요."

"뭐? 사표?"

"이제 그만해요. 당신은 정말 좋은 직원이었어요. 그러나 내일부터는 좋은 아빠가 되어 주세요. 이대로라면 당신이 언제 아빠다운 아빠가 될지 기약이 없어요. 회사 그만두세요.”

“이제 겨우 시작인걸. 남들은 이 회사에 못 들어와서 난리인데 그만두라니? 진심이야?”

“네. 그만하면 됐어요. 당신은 할 만큼 했어요!”

결국 언성이 높아졌고 싸움은 해 뜰 무렵까지 계속되었다. S교수의 이야기다. 그는 국내 유수의 K대학을 졸업했고 세계 최고 기업 중 하나로 꼽히는 S전자에 입사했다. 성실하고 적극적이며 강한 책임감의 소유자인 그는 회사에서 맡은 모든 일에 최선을 다했다.

밤늦게 퇴근하는 것은 기본이었고 새벽에도 출근하고 철야를 하는 경우도 허다했다. 일이 조금 일찍 끝나는 날에는 동료나 상사들 아니면 후배들과 어울려 업무 시간에 미처 하지 못한 대화를 나누며 좋은 관계를 유지하려 애썼다. 그러다 보니 월요일 아침에 주차시킨 차는 일주일 내내 회사 주차장에 서 있다가 주말에나 한 번씩 집에 들어가는 식이었다. 그렇게 열심히 한 결과 모든 경쟁자들을 물리치고 입사 동기들 중에 제일 먼저 대리로 승진했다. 대리 승진 임명장을 받은 날 동료와 상사, 후배들과 밤늦게까지 축하 회식을 하고 귀가했던 것이다.

“그런데 이게 웬 난리야? 회사를 그만두라니! 모범 사원이 되든가 정상적인 가장이 되든가 양자택일을 하라니. 나 원 참, 어이가 없어서. 가만… 아니야. 이건 나에게 진짜 문제가 있는 걸지도 몰라. 마누라 말이 공자님 말씀 아닐까?”

그다음 날부터 S는 고민하기 시작했다. 집안 분위기는 아주 냉랭하고 이상해졌다. 좀 더 가정적이 되려고 노력했지만 그럴수록 오히려 업무는 더 가중되고 바빠졌다. 회사에 가면 우쭐해지는데 집에 돌아오면 설명할 수 없는 죄책감과 짜증이 몰려왔다. 그래도 아내를 설득해 가며 몇 년 더 행복과 죄책감이 교차하는 이중생활을 이어갔다. 그러다 급기야 결정적인 사건이 터지고 말았다.

그가 어느 금요일 철야 근무를 하고 토요일 점심때가 조금 지나 집으로 돌아온 날이었다. 마침 초등학교 3학년짜리 딸아이가 친구들과 생일 파티를 하며 놀고 있었다. 그가 들어가자 아내가 말했다.

"얘들아, 이제 아저씨가 오셨으니 그만 놀고 집에 가야지. 아저씨가 어제 밤새 일하셔서 너무 피곤하단다. 아저씨 주무셔야 하니까 다음에 또 놀러 오렴."

"네. 아줌마. 안녕히 계세요."

잠시 후 친구들을 배웅하러 나갔던 딸이 시뻘건 얼굴로 들어왔다. 딸은 분을 삭이지 못해 헐떡이며 소리쳤다.

"싫어. 아빠 싫어. 엄마도 싫어!"

"아니, 얘가?"

"싫어. 다 필요 없어. 으아앙~ 정말 싫어."

딸이 소리치며 제 방으로 들어가더니 발로 문을 쾅쾅 차 댔다.

며칠 후 S는 회사를 그만두었다. 그리고 직장보다 가족에게 더 우선순위를 두는, 그런 조직 문화가 있는 회사를 찾기 위해 10년 이상 고생했다. 지금의 그는 그때라도 생각을 바꾸길 잘했다고 말한다.

그렇다. 늦게라도 결단을 내린 것은 잘한 일이다. 지금 우리나라의 아버지들은 자신의 시간을 팔아서 돈을 사고, 그 돈으로 가족을 위한 시간을 사고, 남는 돈으로 미래를 사들인다. 마치 먹잇감을 포착한 사자와 같이 냉철한 두뇌와 뜨거운 열정으로 업무나 사업에 전력투구하다가도 아내를 위해서라면 나비처럼 훨훨 날아와서 청소기를 돌려 주는 아버지, 중요한 거래를 성사시키기 위해 중국까지 갔다가도 딸아이 유치원 발표회에서 기립 박수를 쳐 주기 위해 날아오는 아버지… 일보다 가족에게 더 초점을 맞추는 아버지를 원한다. 그것이 20세기와 다른 21세기 행복의 조건이다.

홀륭한 아버지가 되려면 우선 훌륭한 남편이 되어야 한다. 그러려면 아내를 사랑해야 한다. 아내에게 무조건적인 사랑을 보여 줌으로써 아이들에게 진정한 사랑이 무엇인지, 그리고 사랑하는 사람을 어떻게 대해야 하는지를 가르친다. 아이들은 어릴 때 아버지가 어머니를 어떻게 사랑했는지를 보고 나중에 성인이 되었을 때 그대로 따라 하게 된다. 아들은 아버지가 어머니를 어떻게 대하는지를 보고 미래의 아내에게 똑같이 대한다. 딸은 아버지가 어머니를 어떻게 대하는지를 보고 미래의 남편도 자신에게 그렇게 대하리라고 예상할 것이다.

또한 아이들은 아버지가 어머니에게 어떻게 하는지를 보고 아버지에 대한 신뢰를 쌓아 간다. 어머니와 아버지의 관계가 불안정하다면 아이의 마음속에는 신뢰 대신 두려움이 자리 잡는다. 아버지가 어머니를 최우선 순위로 삼으면 아이들이 안정과 신뢰를 얻고 세상을 향해 당당하게 나아갈 수 있다. 아내를 사랑할지 말지는 물론 남편의 선택에 달려 있다. 하지만 그 선택의 결과는 자녀들에게 실로 어마어마한 영향을 미친다.

어떤 부부가 말다툼을 하고 있었다. 아내는 남편이 한 일을 조목조목 따지며 소리를 질러 댔다. 남편은 아내가 언성을 높이면 높일수록 아내를 더욱 약 올리며 화를 돋우었다. 드디어 아내가 울음을 터뜨렸다. 그때 다섯 살짜리 아들이 들어와 소리를 질렀다.

"우리 엄마 못살게 굴지 마!"[13]

이렇게 되면 아들에게 아빠는 더 이상 신뢰의 대상이 되지 못하고 적이 된다. 아들은 자기의 최고 우군인 어머니를 괴롭힌 사람은 무조건 적으로 본다. 적에겐 인사도 할 필요가 없고 미소도 보여 줄 필요가 없다. 오직 적개심을 드러내고 공격의 기회를 노릴 뿐이다. 더 이상 아버지는 없는 것이다. 시대가 원하는 최고의 아버지는 어머니를 사랑하는 아버지다.

남편이 아내를 사랑한다는 것은 무엇을 어떻게 하는 것일까? 이안 시모어가 《당신의 잠재력을 극대화하라》라는 책에서 사랑한다는 것을 마치 액션 리스트처럼 제시한 적이 있다. 아주 현실적인 참고 사항이다. 그의 이야기를 잠시 들어 보자.

아내를 사랑한다는 것은 자기에게 일어난 모든 일을 아내에게 허심탄회하게 말하는 것이다. 아무리 바쁘고 아무리 피곤하고 여유가 없어도, 마치 여유가 많은 것처럼 아내가 하는 말에 귀를 기울여 주는 것, 진정으로 아내를 사랑하는 것이다. 아내의 말에 끝까지 주의를 기울여 들어주는 것, 아내로부터 죽을 때까지 사랑받는 길이다. 아내를 사랑한다는 것은 몸으로 애정을 표현하는 것이다. 함께 손을 잡고 거리를 산책하는 것, 거리를 걸을 땐 팔짱 끼고 걷는 것, 기회만 있으면 포옹하고 키스하고 눈을 마주치며 윙크하는 것, 자녀들이 보든 다른 사람들이 보든 포옹하고 키스하는 것, 그것이 아내를 사랑하는 것이다. 텔레비전을 끄고 과거의 좋은 때를 함께 추억해 보는 것, 신혼여행의 앨범이나 아이들의 모습을 찍은 비디오를 꺼내 보는 것도 좋은 방법이다. 나란히 앉아서 결혼식 비디오를 함께 보는 것, 일주일에 하루 저녁은 반드시 함께 보내는 습관을 들여서 근사한 곳에 가서 식사를 같이 하거나 영화를 보러 가는 것, 아니면 함께할 수 있는 취미나 관심사를 만드는 것이 아내를 사랑하는 것이다. 함께 외국어를 배우거나 같이 어떤 강좌를 듣는 것, 수영, 자전거 타기, 조깅을 하거나 체육관에 다니는 것이 아내를 사랑하는 것이다. 아내에게 안마를 해 주는 것, 설거지나 청소 등 집안일을 도와주며 아내와 함께 하는 것이야말로 아주 뜨겁게 아내를 사랑하는 것이다. 말끝마다 "사랑해."를 달고 사는 것, 사랑한다는 메모나 편지를 전하는 것, 몇 마디 말의 힘이 아내를 평생토록 두고두고 감동시킬 것이다.

진정한 사랑이라 해도 순탄하지만은 않다. 사소한 의견 차이로 말다툼하며 격앙될 수 있다. 그러나 해 질 때까지, 늦어도 잠들기 전까지는 반드시 화를 풀어 주는 것이 남편이 아내를 사랑하는 증거다. 자존심을 꺾고 먼저 손을 내밀어 화해를 청하는 것이 사랑이다. 미국의 농구 감독 존 우든은 다음과 같이 말했다. "아버지가 자녀들에게 줄 수 있는 최고의 선물은 그들의 엄마를 사랑하는 것이다."

많은 부모들이 아이와의 관계를 최우선이라고 생각하고 부부의 관계
는 그다음으로 생각한다. 특히 부부 관계에서 얻지 못한 만족과 기쁨을
아이들로부터 얻으려고 하는 사람들이 있다. 아이를 우선시하고, 아이를
위해 희생하지만, 그러다 보면 결국 냉정을 잃게 되고 판단을 그르쳐 아
이는 물론이고 가족 모두가 구제 불능의 상태에 빠지고 만다.

그러나 현명한 부모들은 그렇게 하지 않는다. 그들은 부부 관계를 가
장 중요시한다. 아이들이 소중한 존재이기는 하지만 아내보다 소중하지
는 않다. 아이와 함께 보내는 시간보다 부부가 함께하는 시간에 더 헌신
한다. 아이들이 부모를 필요로 할 때 옆에 있어 주지만 기본적으로 부부
가 함께 있고 아이들은 떨어져 있는 것이 창조의 원리에 맞는 것이다.

부모가 서로 사랑하고 현명하게 행동하더라도 어디서부터 잘못된 것
인지 모르겠는 경우도 있다. 부모가 할 수 있는 모든 방법을 다 동원해도
안 통하는, 도저히 대책 없는 아이들도 있는 것이다. 집에서 몰래 빠져
나가 아버지 차를 훔쳐 타고 다니며 알코올과 약물로 세월을 보내는 비
행 청소년들은 통제하기 힘들다. 여러 전문가들을 다 찾아다녀도 아이가
도무지 달라지지 않을 때도 있다. 특별한 수용 시설로 보내야 할 때도 있
다. 그럴 땐 보내자. 부모는 버젓이 잘 살면서 아이는 시설로 보낸다는
죄의식에 갇혀 있을 필요는 없다. 그렇게 행동한다고 해서 부모가 아이
에게 애정이 없다거나 능력이 없다고 낙인찍히지 않는다. 도움이 필요함
을 인정하고 적절한 때에 전문가의 도움을 받는 것은 오히려 현명한 선
택이다.

훌륭한 결혼 생활이란 저절로 이루어지지 않는다.

결혼 생활에서 진실로 중요한 것은 아주 작은 것들.

늙어서도 서로 손잡기를 꺼리지 않는 것.

적어도 하루 한 번은 "사랑해."라고 말해 주는 것.

잠자리에 들기 전에는 반드시 화를 푸는 것.

서로의 가치와 목표를 이해해 주는 것.

함께 서서 세상과 대면하는 것.

사랑으로 온 가족을 끌어안는 것.

고맙다고 인사하고 진심 어린 감사를 전하는 것.

용서하고 잊어 주는 것.

서로에게 성장할 수 있는 환경을 만들어 주는 것.

선과 미를 함께 추구하는 것.

단지 제대로 된 짝을 만나는 것뿐 아니라

또한 제대로 된 짝이 되어 주는 것.[14]

당신의 친밀함 지수는?

연구에 따르면 외로운 사람들은 누군가와 친밀한 관계를 유지하는 사람보다 육체적, 정신적인 병을 얻게 될 확률이 더 크다. 미혼인 사람은 기혼인 사람보다 부적응 확률이 훨씬 더 높다. 아이들이 부모나 가족과 오래 떨어져 있으면 천식과 호흡기 질환 같은 질병이 생길 수 있다. 또 병에 걸린 사람이 사랑에 빠질 경우 그렇지 않은 사람보다 더 빨리 회복된다. 전문가들은 '친밀한 애정 방식'은 음식이나 물처럼 인간의 안녕을 위해서 필수적이라고 말하기도 한다.

다음은 사회적인 친밀함 정도를 알아보기 위한 문제다. 당신과 가장 가까운 사람을 떠올리면서 문제에 답하라. 그들에게 이 문제를 풀어 보라고 권유해도 좋다.

1 당신은 파트너와 여가 시간을 함께 보내는가?

ⓐ 별로 ⓑ 조금 ⓒ 많이

2 당신은 파트너에게 신체적인 애정 표현을 해야 할 필요성을 느끼는가?

ⓐ 별로 ⓑ 가끔씩 ⓒ 자주

3 당신은 파트너가 깊은 속마음을 드러내지 않으려고 한다면 상처받겠는가?

ⓐ 별로 ⓑ 조금 ⓒ 매우 많이

4 당신은 파트너의 가장 깊숙한 감정까지 이해하는가?

ⓐ 별로 ⓑ 조금 ⓒ 매우 잘

5 당신은 파트너가 우울해하면 기분을 좋게 해 주는가?

ⓐ 별로 ⓑ 조금 ⓒ 매우

6 당신은 파트너에게 애정 표현을 잘 하는가?

ⓐ 별로 ⓑ 조금 ⓒ 매우 잘

7 당신은 파트너와 친밀하다고 느끼는가?

ⓐ 별로 ⓑ 조금 ⓒ 매우 많이

8 파트너와의 의견 차이가 두 사람의 관계에 얼마나 좋지 않은 영향을 끼치는가?

ⓐ 별로 ⓑ 조금 ⓒ 매우 크게

9 단둘이 시간을 많이 보내는가?

ⓐ 별로 ⓑ 조금 ⓒ 많이

10 당신은 파트너와의 관계에 만족하는가?

ⓐ 별로 만족하지 않음 ⓑ 어느 정도 만족함 ⓒ 매우 만족함

11 파트너와 심한 말다툼을 벌일 때, 실제로 몸도 아픈가?

ⓐ 별로 ⓑ 조금 ⓒ 많이

12 한 번 싸우면 이틀 이상 가는가?

ⓐ 거의 ⓑ 가끔씩 ⓒ 거의 그렇지 않음

점수 계산

각 문제마다 답을 체크한 다음 a는 1점, b는 2점, c는 3점씩 더한다.

27점 이하 당신과 파트너의 친밀함 지수는 매우 낮은 편이다. 그렇다고 두 사람이 서로의 관계에 만족하지 못한다는 뜻은 아니다. 친밀함의 욕구가 낮은 두 사람이 만나 서로 잘 맞는 것일 수도 있다. 하지만 만약 현재 불행하다고 생각하는 사람이라면 꼭 전문가의 도움을 받자.

28~32점 다른 커플과 비교할 때 당신과 파트너의 친밀함 지수는 보통이다.

33점 이상 당신은 파트너와 매우 친밀한 관계를 맺고 있다. 하지만 두 사람이 지나치게 서로의 감정에 민감하면 상대방이 외면했을 때 쉽게 상처받을 수 있음을 알아야 한다.

설명

위의 문제는 온타리오 워터루 대학의 R. S. 밀러와 H. M. 레프코트 박사가 실시한 사회적 친밀함에 대한 연구를 토대로 한 것이다. 그들은 수많은 미혼, 기혼 커플을 대상으로 연구를 실시했다. 많은 사람들은 결혼이 친밀함에 대한 욕구를 다 해결해줄 것이라고 생각한다. 하지만 그렇지 않다. 결혼이 커플의 친밀함 지수를 높일 수 있는 적절한 방법처럼 보이지만, 두 사람의 '애정 방식'이 다를 경우에는 오히려 상황을 악화시킬 수도 있다. 결혼 생활이 불행하다고 느끼는 부부들이 위 문제를 풀어본 결과, 친밀함 지수가 매우 낮은 것으로 나타났다.[15]

언제나
함께 먹고 마시며
호흡하는 아빠

"우리 아빠는 좋은 아빠였어요."라는 말은 "우리 아빠는 언제나 제 곁에 있어 주셨어요."라는 말과 같은 말이다. 돈을 잘 버는 아버지가 좋은 아버지는 아니다. 권력자가 된다고 좋은 아버지가 되는 것도 아니다. 인기 있는 아버지, 유명한 아버지가 좋은 아버지도 아니다. 시간을 내어 곁에 있어 주는 아버지가 좋은 아버지다.

아버지의 존재를 말할 때 '좋은'이라는 말은 '있는'이라는 말과 같은 말이며 '나쁜'이라는 말은 '없는'이라는 말과 같은 말이다. 임종의 순간 "사무실에서 좀 더 많은 시간을 보냈으면 좋았을 텐데." 하고 탄식하는 사람은 없지만 "가족과 함께 더 많은 시간을 보냈으면 좋았을 텐데." 하고 후회하는 사람은 많다.

국제아동지표학회 소속 10개국 연구진이 세계 처음으로 발표한 국제 어린이 행복종합지수를 보면 한국 어린이는 조사 대상 8개국 중 7위다. 심지어 1인당 GDP가 한국의 5분의 1 수준인 알제리보다 순위가 낮았다. '가족과 함께 얼마나 자주 즐거운 시간을 갖는가?'라는 질문에 한국 어린이의 대답은 3점 만점에 평균 1.52점으로 8개국 중 가장 낮았다.[16]

충북 교육청이 지난 2011년 초등학생 809명을 대상으로 설문 조사한 결과를 보면 가장 받고 싶은 어린이날 선물로 남녀 학생 모두 '원하는 선물을 받고 싶다'와 '아빠·엄마와 하루 종일 신 나게 놀고 싶다'가 가장 많았다.[17]

서울에서의 조사 결과를 보면 '가장 기쁠 때가 언제인가?'라는 질문에 '아빠가 안아 줄 때, 아빠랑 같이 잠잘 때, 아빠가 회사에서 일찍 올 때' 같은 답변들이 상당수를 차지했다. 아이들이 어린이날 가장 하고 싶어 하는 것으로 '가족과 놀고 싶다(31.5퍼센트)'가 '놀이동산에 가고 싶다(28.6퍼센트)'보다 높은 결과를 보였다. 이것은 '친구와 놀고 싶다(24.1퍼센트)'보다도 높은 비율이다. '어떨 때 가장 기쁜가?'라는 질문에는 '가족과 놀러 갈 때(23.3퍼센트)'가 '시험을 잘 보거나 상을 탈 때(19.4퍼센트)'보다 높았다.[18]

여기서 공통적인 메시지는 부모가, 특히 아버지가 아이들과 함께 시간을 보내지 않는다는 것이다. 아이들은 아버지가 함께 놀러 가고, 이야기하고, 안아 주고, 맛있는 것도 사 주기를 바란다. 하지만 그런 아버지는 많지 않기에 아이들은 행복하게 자라지 못하고 있다.

열대, 아열대 지방에 사는 지느러미발이라는 물새는 날개 아래쪽으로 양 옆구리에 작은 주머니를 하나씩 가지고 있다. 새끼는 알에서 깨어날 당시 눈도 보이지 않고, 털도 없으며, 완전히 무력한 상태다. 아무튼 새끼들은 아빠에게 있는 두 개의 주머니에 각각 한 마리씩 들어간다. 아빠는 물에 들어갈 때면 항상 그들을 데리고 다닌다. 심지어 하늘을 날 때에도 아빠의 주머니 속에는 새끼들이 들어 있다고 하니, 이 헌신적인 아빠의 비행 모습을 상상해 보자. 그의 주머니 밖으로는 두 명의 부조종사가 조그만 머리를 내민 채 바람을 맞으며 흥분에 겨워 짹짹 울어 대고 있을 것이다. 아빠의 품속에 있는 아이들은 행복이다.[19]

아이들이 원하는 것은 그저 자신과 함께 야구도 하고 축구도 하고 게임도 하고 그림도 그리고 극장에도 가는 아버지다. 아이를 품어 준다는 말은 일찍 들어와서 함께 저녁을 먹으며 텔레비전을 보거나, 목욕을 하며 아이와 대화하는 것이다. 선물을 사 주는 것도 아니고, 용돈을 많이 주는 것도 아니고, 좋은 집에 사는 것도 아니다. 그냥 아버지와 같이 노는 것이다. 같이 산책하고 같이 여행하고 같이 독서하고 같이 이야기하는 것이다.

아버지로서 아들이나 딸과 대화한다는 것은 아버지의 현명한 생각을 말해 주는 것이 아니다. 아이들의 엉뚱한 생각을 들어 주고 재미있어 하고 찬동해 주는 것이다. 실제로 그런 시간이야말로 공부 중 진짜 공부다. 아이들은 그 시간을 노는 시간으로 받아들인다. 신 나게 놀았는데 자기도 모르는 사이에 공부가 된다. 거꾸로 일방적으로 가르치려 한다면 그것은 함께 있는 것이 아니라 아이를 멀리 쫓아내는 것이다.

눈높이에 맞춰 아이들이 원하는 대로 함께 놀아 보라. 아이들을 올바르게 양육하는 방법을 자연스럽게 터득할 수 있을 것이다. 아이들이 우리의 눈을 들여다보듯 우리도 그들의 눈을 유심히 들여다보며 애정 어린 관심을 주는 것은 양육의 가장 큰 즐거움 중 하나일 것이다. 서로가 서로에게 보이는 관심을 느끼는 순간 부모와 아이 모두 단단한 신뢰 아래 무엇이든 발전시킬 수 있다. 돈을 버는 시간보다 아이들과 노는 시간을 더 소중히 여기자. 당신과 아이 모두에게 행복이 찾아올 것이다.

정서적인
핵심을 공유하는
아빠

수남이 아버지는 아들이 축구장 바깥으로 나오는 것을 보고 실망해서 고개를 저었다. 아무리 철없는 어린아이라고 해도 수남이는 비겁하고 정정당당하지 못했다. 경기 내내 반칙을 하고 심판에게 대드는 것도 모자라 공을 독차지하는 게 아닌가. 어쩌다 다른 선수가 상대 팀에게 공을 뺏기기라도 하면 마구 손가락질하며 비난했다. 결국 경기를 하다 말고 씩씩거리며 아버지에게 달려왔다.

수남이는 자리에 돌아와서도 아버지에게 잔뜩 불평을 늘어놓았다.

"쳇, 심판이 이상해요. 왜 나한테만 계속 반칙이라고 하지? 아빠도 봤죠? 그리고 우리 팀 선수들은 왜 이렇게 축구를 못할까요? 맨날 지기만 하고. 시시해서 같이 못하겠어요!"

아버지가 보기에는 수남이가 경기를 계속하겠다고 해도 아무도 수남이를 팀원으로 받아 줄 것 같지 않았다.

그날 밤 수남이 아버지는 오랫동안 창고에 넣어 둔 장기판을 꺼냈다. 뽀얗게 쌓인 먼지를 털어 내고 수남이를 불렀다. 아버지는 아들에게 규칙을 지키며 정정당당하게 경기하는 법을 가르치고 싶었다. 정말 좋은 선수란 어떤 선수인지 아들이 깨닫기를 바랐다.

"일단 규칙이 정해지면 모든 선수가 동의하지 않는 한 변하지 않는 거야. 나나 상대방이 모두 규칙을 잘 지켜야 게임이 정말로 흥미진진해지는 법이란다. 좋은 선수는 게임을 진지하게 여기고 중간에 멋대로 그만두지도 않아. 자, 한 사람이 이길 때까지 하는 거야. 알겠지?"

아버지는 수남이가 말을 움직일 때마다 "오, 그런 수도 있었네. 좋은 생각이야!"라며 인정해 주었다. 또 자신이 잘못 두었을 때는 핑계를 대는 대신 "아, 내가 미처 생각을 못했네. 할 수 없지. 규칙은 규칙이니까." 하고 말했다. 그날 밤 아버지는 수남이가 모르게 일부러 져 주었다. 그리고 게임에서 졌음을 깨끗하게 인정하고, 지더라도 게임을 즐기는 모습을 보여 주었다.

"정말 잘했다, 수남아. 오늘은 아빠가 도저히 안 되겠는걸! 내일 다시 한 판 어때? 내일은 아빠가 뭔가를 보여 주마!"

아버지는 아들을 향해 싱긋 웃어 보였다. 그 후 며칠 동안 수남이와 아버지는 저녁마다 장기를 두었다. 하루는 수남이가 연속으로 두 번이나 지고 말았다. 그러나 수남이는 골을 내는 대신 웃으면서 말했다.

"아빠, 오늘은 제가 당할 수가 없네요. 대단하세요."

수남이는 장기 실력도 많이 좋아졌지만 무엇보다 정정당당하게 게임에 임하는 모습을 보여 주기 시작했다. 장기뿐만 아니라 축구를 하면서도 마찬가지였다. 지면 솔직하게 인정하고 잘한 친구는 칭찬해 주며 다음엔 더 잘하자고 스스로 격려했다. 모든 친구들이 수남이와 같은 팀이 되고 싶어 했다.

많은 아버지들이 자녀의 삶에 관여하고 있다. 야구 경기를 하는 아들을 찾아가 응원해 주고 데리고 나가 피자를 사 주고 함께 여름휴가를 떠난다. 가부장적이던 과거 20세기의 아버지들과 달리 오늘날 일부 아버지들은 자녀들과의 관계 형성에 적극적이다. '스칸디대디(scandi daddy)', 북유럽 아버지들처럼 육아에 적극 참여하며 자녀와 최대한 많은 시간을 함께 보내고 교감하려 노력한다.

물론 그런 종류의 관여도 바람직하다. 그러나 그런 것들의 진정한 의미는 활동 그 자체에 있는 것이 아니다. 그 속에 포함된 메시지가 중요하다. 진정한 관여는 함께 활동하면서 대화하면서 자녀들의 정서적인 핵심에 다다르는 것을 의미한다. 수남이 아버지는 그렇게 했다. 장기라는 행위와 설득력 있는 이야기가 있었다. 결국 정당한 대결이라는 정서적 핵심을 공유하게 되었다.

나이에 상관없이 자녀들은 아버지와 같은 정서, 같은 심리적 주제를 가짐으로써 아버지의 가치를 공유하기 원한다.[20]

프렌디,
오래 두고 가까이 사귄
벗과 같은 아빠

"시우야, 잘 잤니? 일어나자."

"응, 아빠. 지금 몇 시예요?"

"일곱 시. 오늘 우리가 밥 당번인 거 알지?"

"앗! 빨리 일어나야 되겠네. 아빠 오늘 무슨 요리하죠?"

"너 어제 뭔가를 준비해 뒀다면서?"

"응. 볶음밥 하려고요. 어제 채소랑 참치 챙겨 놨어요. 채소는 아빠가 썰어 주세요. 참치는 제가 잘게 으깨 놓을게요. 식용유는 올리브기름이 좋겠어요."

"우리 시우가 이제 완전 셰프 같네. 자, 여기 프라이팬 있다."

"아빠. 계란말이 만들 수 있어요? 엄마가 깻잎도 챙겨 놨던데…."

"계란말이? 그래, 한번 해 보자."

"오늘은 어디로 놀러 가요?"

"수영장 어때? 좋지?"

"아~ 신 난다. 수영 시합해요. 내가 이기면 떡볶이!"

"아빠가 이기면?"

"발 마사지해 드릴게요."

42세 회사원 B씨의 주말 아침 모습이다. 그는 아이를 낳을 때 아내와 약속했다. 아이들이 중학교에 진학할 때까지는 주말에 골프 등 개인적인 약속을 피하고 가족과 함께 보내겠다고.

식사를 끝낸 후에는 가족 모두 집 안 정리를 시작한다. 대청소가 끝나면 다 함께 수영장에 간다. B씨와 아내는 워낙 스포츠를 좋아해 여름에는 수영, 겨울에는 스키를 즐긴다. 7살부터 시작한 시우의 스키 실력은 이미 최상급 수준. 한 달에 한 번 정도는 강원도로 가족 여행도 간다. 산도 있고 바다도 있어 아이들이 자연과 교감하기 좋다고 판단해서다. 시우의 그림에는 항상 아버지와 함께 있는 모습이 그려져 있다. 아버지는 깨어 있는 시간에는 만날 수 없는 사람, 주말에는 잠만 자는 사람쯤으로 생각하는 여느 아이들에 비해 시우의 생각은 사뭇 다르다.[21]

좋은 아버지는 가족을 품에 안고 사랑을 속삭여 주는 아버지다. 가장으로서 가족에게 "사랑한다."라고 말하는 것도 포함되지만 더 정확하게는 사랑의 몸짓을 보여 주는 것을 말한다. 자녀가 아버지를 마음 편하게 대하며 같이 어울려 다니는 친구로 생각하게 한다는 말이다. 아이들에게 친구란 같이 농구도 하고 맛있는 것도 먹고 아무런 거리낌 없이 모든 것을 다 이야기할 수 있는 상대를 말한다. 어느 정도 사회적인 능력을 갖추고 자녀들에게 어머니 못지않은 관심과 애정을 보여 주는 B씨 같은 아버지들이 요즘 늘고 있다.

프렌디(friendy), 친구(friend)와 아빠(daddy)의 합성어다. 아이와 함께 놀아 주고, 대화하고, 필요할 때 곁에 있어 주는 '친구 같은 아빠'를 말한다. 여성 경제 인구의 증가로 사회생활을 하는 엄마들이 늘어나면서 가정에서 아버지의 역할이 재정립되고 있다.

프렌디들은 아이들의 공개 수업에 가고, 공부를 가르치고, 또 친구처럼 놀아 주면서 자녀에 대한 사랑을 직접 표현한다. 이들은 자녀의 학교 교육에도 직접 참여한다. 학교 선생님과의 상담을 비롯해 일일 교사, 급식 봉사, 청소, 교통 도우미 등 학교생활에 적극적으로 참여한다.

뉴욕타임스는 얼마 전 '21세기 알파남의 새로운 패러다임은 대외적인 능력을 갖추면서도 엄마의 역할까지 해 줄 수 있는 가정적인 아빠'라며 전설적인 골퍼 잭 니클라우스, 버락 오바마 미국 대통령 등을 돈과 명예는 기본이고 부성애까지 갖춘 '슈퍼 대드(super dad)'로 꼽았다. 오바마 대통령은 취임 후 아프리카 순방 중에 두 딸과 가나의 옛 노예 무역 항구를 방문해 역사 교육을 한 것이 화제가 됐다.[22]

전문가들은 "이전에는 가부장적인 사회 분위기 탓에 아이와 놀아 주고 눈높이를 맞추는 아버지의 모습을 찾기 어려웠지만 요즘은 아버지의 양육 방식이 아이 지능이나 정서에 긍정적인 영향을 끼친다는 사실이 알려지면서 젊은 부모들을 중심으로 변화하는 추세다."라고 말한다.

생후 9개월에 아버지와 많이 놀았던 아이들은 40개월 전후 또래의 다른 아이들보다 지능 지수가 높고 인지 능력도 우월하다는 연구 결과가 나왔다. 영유아기에 아버지의 사랑을 받으며 상호 작용을 많이 한 아이들이 인지·언어·사회성·정서 발달에 유익한 영향을 받는다는 것이다.[23] 아버지의 양육 참여도가 높을수록 유아의 자아 존중감과 사회성, 도덕성이 크게 좋아지는 이른바 '아버지 효과(the effects of father)'가 작용한다는 것이다.[24]

자녀들과 서로 몸을 부딪치고, 함께 땀을 흘리고 샤워를 하며, 친구처럼 어울려 다니며 노는 것은 비단 아이들만 행복하게 하는 것이 아니다. 아버지 자신도 똑같은 친밀감과 우정을 느끼며 어디서도 느낄 수 없는 뿌듯함을 맛볼 수 있다.

크고 작은 모든 일에
관심을 가져 주는
아빠

아동 심리 치료 전문가들의 말에 의하면 아버지가 아들의 크고 작은 모든 일에 깊이 관여하면 아들은 부자간의 교감을 느끼고 위안을 받는다고 한다. 자신이 하고 있는 일에 대하여 아버지가 적극적인 관심을 가지고 있다는 확신이 들면 아이들은 자기가 헤쳐 나가야 할 길이 아무리 불확실해도 겁먹거나 망설이지 않는다.

아버지가 함께하고 있다는 생각이 아이들로 하여금 현재의 수준에 머무르기보다는 열심히 탐구하고 성장하고 발전하여 한 단계 높은 수준으로 올라가게 한다. 그런 아이들은 어른이 되어서도 모든 상황에 자신감을 가지고 대처할 수 있다. 그러나 현실을 보면 아들의 삶에 깊이 관여하는 아버지는 많지 않다. 아버지의 관여가 불규칙하거나 아예 없는 경우가 허다하다.[25]

둘째 아들이 고등학교 2학년 겨울 방학 때였다. 당시 아들은 조금 헤매고 있었다. 몸은 건강했지만 성적은 바닥이었다. 아들은 다른 불만은 없었던 것 같은데, 아버지나 할아버지가 심하게 억압한다고 여기는 것 같았다.

부자간의 대화가 불가능한 상태였다. 당시 큰딸이 포항에 있는 대학으로 시험을 보러 가게 되었다. 그때 아들 녀석도 함께 갔다.

시험은 예비 소집을 포함해 필기시험, 면접 등 3일 동안 진행되었다. 딸이 시험장에 들어가 있는 동안 우리 부자는 그 대학 캠퍼스를 돌며 대화를 나눴다. 낯선 도시, 낯선 대학이 아들의 닫힌 마음을 열어 주었던 것 같다.

"어떠니. 여기 잘 온 것 같니?"

"네. 뭐 구경거리도 많고 좋은데요."

"너 술 잘 먹지?"

"네. 전혀 안 먹었다고는 못하죠."

"담배는?"

"아시잖아요."

"그럼 저녁에 나랑 한잔할까?"

"……."

그렇게 시작된 캠퍼스 산책 대화는 3일 동안 계속되었다. 어머니, 누이, 친구, 술, 담배, 연애, 학교에 대해 밑도 끝도 없는 이야기들이 이어

졌다. 처음엔 주로 내가 질문하고 아들이 대답하는 식이었다. 내 질문이
바닥나자 이번엔 아들이 질문하기 시작했다. 3일째, 마지막 날에 아들이
말했다.

"아버지가 아무 말 안 해도 전 다 알고 있어요. 아버지가 왜 저를 여기
에 데리고 오셨는지 말예요."

"그래? 알았다니 다행이다."

"저도 노력하면 누나만큼 할 수 있어요. 맘만 먹으면."

"그래. 네가 OO대학교 경영학과만 합격한다면 누나가 그 유명한 XX
대학교에 가는 것보다 더 대단한 일이라고 본다."

"그게 정말이에요?"

"정말이다."

순간 아들의 눈이 번쩍 빛났다. 나는 아들의 손을 꼭 쥐기도 하고 안
기도 하고 애정의 말도 했다. 그것이 우리 부자간의 전환점이 되었다. 그
날부터 아들은 나를 어려워하지 않았다. 목욕도 같이 가고 등산도 가고
대학에 대한 이야기도 했다. 스킨십도 했다. 나중엔 늑대 굴이나 사자 굴
의 풍경처럼 내가 방에 누워서 텔레비전을 보고 있으면 아들이 들어와서
내 배를 베개 삼아 누워서는 같이 낄낄대기도 했다.

"공부는 좀 되니?"

"열심히 하고 있어요. 다른 건 웬만큼 하겠는데 영어가 문제예요."

"왜? 기초가 약해서?"

"네. 맞아요. 그런데 아버지 지금도 영어 잘하시죠?"

"고3 수준은 되겠지?"

"그럼 아버지, 제가 학교에서 오면 11시쯤 되는데 한 시간씩만 좀 가르쳐 주실래요?"

"매일은 어려운데."

"할 수 있는 날만 해 주세요."

그렇게 아들과 나는 접촉의 빈도를 높여 갔다. 함께 있는 시간이 많아졌다. 내가 외출해 떨어져 있어도 우리는 마음으로 동행했다. 10개월이 지났다. ○○대학교에서 전화가 왔다.

"안녕하세요? ○○대학 경영학과 합격을 축하드립니다."

좋은 아버지는 옆에 함께 있는 아버지다. 어디 가고 없는 아버지가 아니다. 함께 먹고 함께 다니며 함께 놀고, 고민하고 토론하는 아버지가 좋은 아버지다. 같은 시간 같은 장소에 함께 있지 못할 경우에도, 멀리 외국에 떨어져 있어도 얼마든지 함께 토론하고 의기투합할 수 있다. 문제는 아버지가 아들의 크고 작은 일에 관심을 가지고 적극적으로 관여하느냐는 것이다. 그런 태도를 보일 때 자녀들은 아버지를 신뢰한다. 그리고 아버지의 기대를 저버리지 않기 위해 노력한다.

입시 준비? 아버지가 간다

입시 설명회가 열리는 곳에 어머니들로 북적이는 것은 일상적인 풍경이다. 하지만 25일 대구시교육정보원 시청각실에서 열린 입시 설명회는 색달랐다. '아빠와 함께하는 입학사정관제 준비 전략 연수회'에 팔을 걷어붙인 아버지들이 모였다.
이날 강연에 나선 박재완 대구시교육청 진학진로지원단장은 수능 시험 구조에 대한 설명에 이어 입학사정관제 전형에 대해 하나하나 설명해 나갔다. 박 단장은 아버지들에게 자녀의 학습 컨설턴트가 되라고 권했다. 그는 "자녀의 생각과 생활을 공유하는 아버지가 되려면 자녀의 적성을 함께 찾아보고 인터넷과 설명회 등을 통해 대입 정보를 모으려고 노력해야 한다."며 "자녀가 진학하고 싶은 대학에 자녀와 같이 가 보는 것도 진로를 설계하는 데 좋은 방법"이라고 강조했다.
아버지들은 볼펜을 쥐고 메모하거나 휴대 전화 카메라로 자료 화면을 찍는 등 박 단장의 말을 놓치지 않으려고 애썼다. 요리를 배우기 위해 특성화고로 가려는 딸과 씨름하다 결국 딸의 손을 들어준 일 등 박 단장이 딸을 키우면서 느낀 고충을 얘기할 때는 다들 고개를 끄덕였다.

중학교 3학년 외아들을 둔 신윤호(45) 씨는 "아내가 가진 정보는 대부분 어머니들끼리 나누는 '카더라 통신'이라 아쉬움이 있었는데 이곳에서 머리가 확 맑아진 느낌이다. 공부만 하라고 하지 말고 강연에서 들은 것처럼 아이가 좋아하는 음악 분야로 진로를 열어 줄지도 고민해 봐야겠다."라고 말했다.

김성종(47) 씨는 강연을 듣다가 이따금 고등학교 1학년 아들과의 대화가 말다툼으로 번지는 원인을 찾았다. 그는 "공부 얘기가 주된 화제인데 아들은 나더러 '항상 옛날 얘기만 한다.'고 짜증을 냈다. 이곳에서 내가 요즘 입시 정보에 대해 아는 것이 거의 없다는 걸 새삼 느꼈다. 이런 설명회를 좀 더 찾아다녀야겠다."라고 말했다.[26)]

영적, 감성적
에너지를 공급하는
아빠

어떤 소년이 아버지로부터 항상 "두 묶음의 세 가지."라는 말을 들으며 자랐다. 아버지가 강조한 첫 번째 묶음은 정직에 관한 것이었다.

"거짓말하지 마라. 속이지 마라. 훔치지 마라."

두 번째 묶음은 역경에 관한 것이었다.

"징징거리지 마라. 불평하지 마라. 변명하지 마라."

소년이 초등학교를 졸업하던 날 아버지로부터 편지 봉투 한 장을 받았다. 봉투 안에는 행운을 기원하는 2달러짜리 지폐 한 장, 그리고 아버지가 만년필로 정성스럽게 쓴 졸업 축하 카드가 함께 들어 있었다. 카드의 앞면에는 헨리 반 다이크가 쓴 시 한 구절이 적혀 있었다.

남자가 진실한 인생을 살기 원한다면,

반드시 배워 두지 않으면 안 되는 네 가지가 있는데,

생각을 혼돈 없이 명료하게 하는 법,

만나는 모든 사람을 신실하게 사랑하는 법,

정직한 동기로 순수하게 행동하는 법,

하나님과 천국을 굳건히 믿는 법이 그것이다.

카드의 뒷면에는 이제 초등학교를 마치고 중학교로 올라가게 되었으니 좀 더 의젓하게 살아야 한다며, 매일의 생활에서 꼭 지켜 주기를 바라는 일곱 가지 규칙이 적혀 있었다. 그는 이미 '두 묶음의 세 가지'의 영향으로 아버지의 마음을 잘 알고 있었다. 친구들과 약속할 때도, 집에서 공부할 때도 '내가 어떻게 하면 오늘도 아버지가 지키라고 한 일곱 가지를 다 지킬 수 있을까?'에 대해 생각했다. 그는 중학교 시절뿐 아니라 무려 90년에 걸쳐 카드에 적힌 '아버지의 규칙'을 지켰다.

① 너 자신에게 진실하여라.

② 매일 너만의 명작을 하나씩 만들어라.

③ 남을 도와주어라.

④ 좋은 책, 특히 성경을 깊이 들이마셔라.

⑤ 친구와의 우정을 소중하게 가꾸어라.

⑥ 비 올 날을 대비해서 대피소를 만들어 두어라.

⑦ 매일 네가 받은 축복을 헤아려 보고 감사드려라.

그가 받은 '아버지의 규칙'에는 공부를 열심히 해서 우등생이 되어라, 운동을 꾸준히 해서 몸을 튼튼하게 만들어라, 저축을 많이 해서 부자가 되어라 같은 현실적인 것은 하나도 없다. 오직 정직하게 섬기고 감사하고 영적인 성장을 하도록 촉구하는 내용뿐이다. 그는 이 규칙을 충실히 실천했고 그 결과로 놀라운 영적 성장을 이루었다.

그가 농구 선수로, 또 코치로서의 전설이 된 존 우든이다. 그에겐 아직 그 누구도 깨지 못한, 누구나 한 번쯤 귀를 의심하는 여섯 개의 신기록이 있다. 88연속 게임 승리, 미국 대학 농구 챔피언 10회 등극, 7년 연속 챔피언, 시즌 통산 무패 기록 4회 등이 그것이다. 그는 40년 동안의 코치 생애에서 총 905승 205패 승률 81.5퍼센트를 기록했다. 꿈도 꾸기 어려운 기록이다.

그는 선수로서 한 번, 그리고 코치로서 또 한 번, 두 번이나 미국 농구 명예의 전당에 오른 농구의 황제다. 세계 모든 농구 팬들의 우상이며 동시에 꿈을 현실로 이루고자 하는 비전 품은 모든 사람들의 인생 코치로 우뚝 서 있다. 그는 성공에 대해 이렇게 말했다.

"성공이란 남보다 많은 득점을 올리는 것이 아니다. 참다운 성공은 스스로 최선을 다했다는 것을 인정할 수 있을 때 맛보는 자기만족이다. 그러한 자기만족으로부터 마음의 평화를 얻는 것이 곧 성공이다. 그것은 각 개인이 혼자서 해 내지 않으면 안 되는 과제다."

그는 자신이 정의한 그대로의 성공을 실제로 보여 준 사람이다. 그 성공의 원동력은 '아버지의 규칙'으로부터 얻은 영적 에너지였다. 그는

100세에 이르도록 소박한 아파트에 살면서 매일 성경을 읽으며 제자들과 후배 선수들을 위해 기도했다. 그는 코치 생활을 하면서 '아버지의 규칙'을 선수들에게 그대로 적용했다. 선수들은 대체로 학생 때는 우든의 규칙이 왜 중요한지 몰랐다. 하지만 그들이 NBA 스타로 성장하고 명예의 전당에 오르면 그 규칙이 어떻게 자기들을 성공으로 안내했는지 깨달았다. 비로소 우든에게 머리 숙여 감사를 표하곤 했다.

우든의 아버지는 항상 하나님에 대해 언급하였는데, 우든의 모든 삶에도 한결같이 영성이 스며 있었다. 아버지가 공급해 준 영적 에너지가 우든에게 얼마나 깊숙이 영향을 미쳤는지에 대해서는 그의 말 속에 잘 나타나 있다. 우든은 "왜 농구 코치가 되었나요? 왜 한 가지 일만 일평생 충실히 하나요?" 등의 질문을 받을 때마다 이렇게 답했다.

"하나님과의 약속이기 때문입니다."

아버지가 된다는 것은 자녀들에게 영적, 감성적 양식을 공급할 책임이 있다는 말이다. 영적 양식을 주는 방법은 다양하다. 편지, SNS 아니면 종교 활동, 수련 활동, 독서, 음악 감상, 공연, 미술관 방문 등이 있을 수 있다. 어떤 방식이든 아버지는 자녀의 지적, 육체적, 경제적 필요에 앞서 영적 에너지를 공급하는 사람이라는 깨어 있는 의식과 의지를 지녀야 한다.

독특한 사랑의 신호와
스킨십을 나누는
아빠

동물행동학을 연구하며 파더십(fathership)의 본질을 밝히고자 한 제프리 매슨에 따르면, 늑대 아빠들도 아이들과 함께 노는 즐거움을 알고 있으며, 아이와 나란히 누우면 커다란 만족감과 함께 가슴속 사랑을 느낀다고 한다. 높은 언덕에 올라 자신의 세계를 둘러보고 큰 위협이 다가오지 않는다고 판단되면 평생의 동반자와 아이들이 기다리고 있는 굴로 내려오고 싶어 안달이라는 것이다. 아빠 늑대가 진정한 만족을 느낄 수 있는 곳이 바로 그곳이기 때문이다.[27]

사랑, 관심, 그리고 친밀감의 최종적인 표현은 신체의 접촉이다. 막상 접촉의 순간에는 사랑을 받고 있다고 잘 느끼지 못한다. 그 짧은 순간이 지나고 멀리 떨어지고 나면 그때 느낀다. '그때 사랑받았구나!' 하고.

감수성이 예민한 아이들은 그런 사랑을 접촉의 현장에서 감지한다.

굳은 악수나 어깨를 툭툭 두드리는 것이나 안는 동작, 혹은 어깨동무를 하며 노래를 부르는 동작에서 사랑의 감정을 느낀다. 만지는 것은 물론이고 눈만 마주쳐도 관심을 받는다고 느끼는 아이들도 있다.

나는 막내딸이 초등학교에 다닐 때 아침마다 다가가 발을 툭툭 건드리며 깨우곤 했다. 그러면 딸은 내 발을 붙들며 왜 아버지는 사람을 발로 건드리느냐고 항의했다. 그러다 나중에는 내가 가서 건드리지 않으면 일어나는 시늉도 하지 않았다. 심지어 언니나 오빠가 아닌 자기만 찾아와 툭툭 건드리는 것을 은근히 자랑으로 여기는 듯했다. 그런 무심한 접촉에도 아이들은 사랑을 느낀다.

스킨십이나 대화가 아니라 그냥 함께 시간을 보내는 것도 좋다. 말없이 지켜보거나 같이 있어 주면 아이들은 사랑의 느낌을 감지한다. "함께 있어 주기만 하면 된다. 예를 들어 아들이 차고에서 자전거를 고치는 동안 당신은 그저 차고를 청소하고 있기만 해도 된다. 속 깊은 대화를 나누는 것도 아니고 그저 서로 가까이 있으면 된다."[28] 만일 자전거를 고치는데 아버지가 함께 있어 주거나 약간의 힘을 보태 준다면, 아이는 세상을 다 얻은 것 같은 기분을 느낄 수도 있다.

아이들의 말을 경청하고 적절한 대답을 해 주는 것도 애정의 언어다. 귀로 하는 스킨십인 셈. 아이는 아버지가 날마다 자신의 이야기를 들어주길 바란다. 아버지가 뭔가 질문을 던져 주고 말을 걸어 주기를 기다린다. 질문하지 않으면 아무 말도 하지 않는 아이도 있다. 그런 아이도 적절하게 말을 걸어 주면 이런저런 말을 한다. 연신 고개를 끄덕이며 "그래서?” 아니면 “그런데?” 하고 반응을 보이면 아이는 자기를 향한 아버지의 사랑에 깊은 신뢰를 느낀다. 물론 그렇게 하는 동안 아버지 자신도 행복을 느끼기는 마찬가지다.

이때 주의할 점이 있다. 아이의 언어로 사랑을 표현해야 한다는 것이다. 가령 당신이 좋아하는 사랑의 언어는 ‘도움’인데 아이는 ‘함께 보내는 시간’이라고 할 때, 당신이 아이의 바람과 달리 자기 방식대로 ‘도움’의 언어로만 사랑을 표현한다고 해 보자. 당신이 아이의 자전거를 고쳐 준다면 아이는 이렇게 생각할 것이다.

‘고마워요, 아빠. 그런데 자전거는 나 혼자서도 고칠 수 있어요. 하지만 대화는 아빠 없이 혼자서 할 수 없어요.’ [29]

질문하고 경청하고 반응해 주는 사랑의 신호가 길지 않아도 된다. 10분이나 20분이면 충분하다. 아이들과 20분만 대화해도 아이가 하고 싶은 말을 충분히 했다면 하루 종일을 아빠와 함께했다고 느낄 것이다.

언제나 믿고 의지할
최후의 보루가 되는
아빠

흔히 머리가 안 좋은 사람을 가리켜 '닭머리'
아니면 '새머리'라고 한다. 그런데 새 중에서도 타조는 뇌의 무게가 다른
새들에 비해 상대적으로 가볍기 때문에 사람들은 흔히 '머리 나쁜 새' 하
면 타조를 떠올린다. 그러나 타조는 자식을 보호하고 지키는 것에 인간
보다 탁월한 예지와 용기를 보여 준다. 공격의 위협이 있을 때 아빠 타조
는 목숨을 바쳐 자식들을 지킨다. 배고픈 사자가 냄새를 맡고 둥지에 있
는 새끼들을 잡아먹으려고 다가오면 아빠 타조의 필사적인 방어 작전이
시작된다. 그는 어설픈 날갯짓을 하며 금방이라도 땅에 떨어질 듯 비틀
거린다. 날다가 빠르게 걷고는 다시 날아올랐다 땅에 떨어지는 걸 반복
한다. 따라오는 사자와의 거리에 여유가 생기면 사자가 더 다가오기를
기다린다. 힘 안 들이고 배를 채울 수 있다고 여긴 사자는 아빠 타조를

계속 따라간다. 날다가 비틀비틀 걷다가 넘어졌다가 또 도망치려 애쓰는 타조를 사자는 천천히 추격한다. 타조는 그렇게 사자를 유인한다. 사자가 새끼들이 있는 둥지에서 충분히 멀리 왔다고 판단되면, 갑자기 날개를 활짝 펴고 창공으로 치솟는다. 새끼들을 지켜 주기 위해 자기 생명을 미끼로 사용한 것이다. 머리 나쁜 새라고 불리지만 자신의 새끼들을 지키기 위해 최선을 다하는 타조, 누구보다 믿고 의지할 수 있는 훌륭한 아버지라 할 수 있다.

〈7번방의 선물〉이라는 영화를 보면 지적 장애로 지능이 6세에 멈춘 주인공이 나온다. 주차장에서 일하며 순수하고 성실하게 살아가는 이용구. 그에게는 똑 부러지는 일곱 살 난 딸 예승이가 있다. 둘은 동화처럼 행복한 나날을 보낸다.

예승이는 세일러문을 무척 좋아한다. 용구는 세일러문 가방을 판매하는 가게 앞에서 예승이에게 나중에 그 가방을 꼭 사 주겠다고 말한다. 하지만 경찰청장이 자신의 딸아이에게 하나 남은 세일러문 가방을 사 주려고 하자 용구는 그 가방은 예승이에게 사 줄 거라며 사지 말라고, 팔지 말라고 한바탕 소란을 피운다. 어느 날 용구는 길에서 우연히 경찰청장의 딸을 만난다. 아이는 용구에게 세일러문 가방을 파는 다른 매장을 알려 주겠다고 말하며 따라오라고 한다. 가는 도중에 아이는 실수로 발을 헛디뎌 넘어지는데, 그 사고로 죽고 만다.

경찰청장은 용구를 살인자로 몰아 교도소로 보낸다. 억울하게 살인자의 누명을 쓴 용구가 도착한 곳은 바로 교도소 7번 방. 사리 판단이 어려운 용구는 교도소에 들어와서도 오로지 혼자 두고 온 딸 예승이가 걱정이다. 평생 죄만 짓고 살아온 7번 방의 수감자들이지만 용구의 억울한 살인 누명에 안타까워한다. 수감자들은 딸에 대한 용구의 간절한 사랑에 마음이 움직였고, 용구에게 딸 예승이를 '선물'하기 위해 작전을 세운다.

그들은 교회 합창단으로 교도소 공연에 참가한 예승이를 상자에 넣어 7번 방에 들여오는 작전을 감행한다. 예승이가 들어오자 7번 방에는 웃음꽃이 피고 생기가 넘친다. 7번 방 식구들은 용구의 무죄를 증명하기 위해서도 무진 애를 쓴다.

하지만 경찰청장은 악덕 변호사를 내세워 용구를 협박한다. 법정에서 용구가 경찰청장의 딸을 죽였다고 거짓 자백을 하지 않으면 예승이는 쥐도 새도 모르게 죽임을 당할 것이라고 말한다. 용구가 진실을 말하면 무죄로 풀려날 수는 있지만 사랑하는 딸 예승이는 언제 죽을지 모른다. 용구는 고민 끝에 딸을 살리기 위해 자기가 죽기로 결심한다. 그는 결국 법정에서 거짓 자백을 하고 세상을 떠난다. 예승이는 훌륭한 변호사로 성장하여 아버지의 무죄를 입증한다.

돈도 없고 힘도 없고 지적 장애까지 있어도, 심지어 살인자의 누명을 쓰고 교도소에 들어가 있어도 아버지가 자식을 사랑하는 마음, 자식을 지켜 주려는 결의는 언제나 한결같다.

오늘날의 아버지들은 사이버 범죄, 청소년 비행, 그리고 오염된 풍조나 빗나간 종교 또는 사상으로부터 자녀들을 지켜 내야 한다. 아버지에게는 세상 모든 위험으로부터 자식을 지켜 내려는 오직 조건 없는 헌신과 희생이 있을 뿐이다.

자상한
멘토가 되어 주는
아빠

언젠가 자녀 교육에 임하는 어머니들의 스타일을 빗댄 우스갯소리가 유행한 적이 있다. 다섯 가지 스타일의 어머니가 있단다. '밀모'는 앞뒤 안 보고 자녀들을 자기 생각대로 팍팍 밀어붙이는 어머니다. '뛰모'는 자녀들과 예습·복습도 같이 하고 학원과 캠프장으로 같이 뛰는 어머니다. '지모'는 공부하는 아이를 옆에서 조용히 지켜보며 보살피는 어머니, '주모'는 아이의 공부와 상관없이 주무시는 어머니다. 마지막으로 '뛰밀모'가 있는데 아침부터 학교에 아이를 데려다 주고 수업이 끝나기가 무섭게 아이를 차에 태워 서너 군데 학원을 전전하는 '극성' 어머니들, 아이들에게 놀 틈을 안 주며 볶아 대는 엄마다.[30] 당신의 아내 아니, 아버지 당신은 어떤가? '밀부' 아니면 '뛰부'인가? '지부'나 '주부'에 가까운가?

어떤 블로거는 아버지의 스타일을 독재자, 왕, 농담꾼, 졸개 그리고 맹물 이렇게 다섯 가지로 분류했다.

독재자(dictator)는 양육에는 관심이 없다. 오직 철권을 휘두르며 통제하고 규칙을 강요한다. 그의 자녀들은 무엇을 하면 안 된다는 것은 알지만 무엇을 해야 되는지는 모른다. 이런 아버지는 "절이 싫으면 중이 떠나라." 하고 말한다.

왕(king)은 엄격하기는 하지만 필요할 땐 돌보고 양육한다. 왕으로 자처하는 아버지는 솔선수범으로 리더십을 발휘한다. 그의 자녀들은 아버지가 무엇을 원하는지도 알고 무엇을 해야 되는지도 명확히 안다. 이런 아버지는 "자, 내가 하는 것을 잘 보고 따라 해라." 하고 말한다.

농담꾼(joker)은 자녀들에게 절대 엄격한 모습을 보이지 않으며 가끔 양육도 하려 한다. 그는 언제나 농담을 늘어놓으며 아이들을 웃기려고만 한다. 그의 자녀들은 아버지가 무엇을 원하는지도 모르고 무엇을 원하지 않는지도 전혀 모른다. 이런 아버지는 "애들아, 우리 재미있게 놀자." 하고 말한다.

졸개(follower)는 때로는 엄격하기도 하고 때로는 보살피며 양육하려 한다. 졸개 아버지는 모든 교육을 엄마에게 일임하고 필요하면 그녀를 돕는다. 그의 자녀들은 아버지가 무엇을 원하는지도 어느 정도 알고 무엇을 원하지 않는지도 어렴풋이 안다. 이런 아버지는 "애들아, 뭐든 엄마가 시키는 대로 하렴."이라고 말한다.

맹물(dreamer)은 자녀들을 억누르지도 보살피지도 않는다. 그는 자녀 양육을 오로지 엄마에게 맡기고 자기는 일절 관여하지 않는다. 그의 자녀들은 아버지가 무엇을 원하는지도 모르고 무엇을 원치 않는지도 모른다. 이런 아버지는 "애들아, 그냥 나 좀 내버려 두렴."이라고 말한다.

블로그에 달린 댓글들을 보면 대체로 '왕'이 되고 싶다고 한다. 나의 아버지는 나에게 있어 지독한 독재자였다. 나는 아버지와는 다르게 졸개가 되고 싶어 했던 것 같다. 지금 이 책을 함께 작업하며 아들에게 물어보니 아들은 내게 "아버지도 할아버지와 같은 과에 속하십니다."라고 말한다. 당신은 어떤가?

《당신은 아들에게 어떤 아버지입니까?》라는 책에서 스테판 B. 폴터는 아버지가 자녀들을 양육하는 기본 스타일을 다섯 가지로 분류했다. 성취지상주의형, 시한폭탄형, 수동형, 부재형 그리고 자상한 멘토형이 있다.

성취지상주의형 아버지는 모든 것을 다 알고 다 잘하는 만능 스타일이다. 자녀들은 공부를 하든 운동을 하든 취직을 하든 무조건 1등, 성공, 필승이어야 한다. 그렇지 않으면 무시하고 거들떠보지도 않는다. 이런 아버지는 어린 시절 따뜻한 보살핌을 받지 못하고 자란 경우가 많다. 이런 아버지는 "그것밖에 못 해? 꼴도 보기 싫어. 사라져 버려!"라고 말한다. 자녀들은 수동적이고 고분고분한 모습이다. 우울증에 빠지기 쉽고 좀처럼 자기의 능력을 발휘하지 못한다. 가출하거나 덜컥 결혼을 함으로써 아버지에게 반항한다. 심한 경우에는 아버지를 폭행하거나 탈선해서 불행한 인생을 산다.

시한폭탄형 아버지는 대체로 술꾼인 경우가 많다. 그는 아무 때나 벌컥 화를 내며 언제 폭발해 소리를 지를지 물건을 집어 던지고 겁을 줄지 알 수 없다. 직장에선 원만하고 인정도 받는데 집에만 오면 폭군으로 돌변한다. 이런 아버지는 어린 시절 자기도 그런 부모 밑에서 자랐을 가능성이 높다. 시한폭탄형 아버지를 둔 자녀들은 두려움에 시달린다. 한 번 잘못 말했다가 무슨 봉변을 당할지 모르기 때문에, 살아남기 위해 자기주장을 굽히고 남의 비위를 맞추는 스타일이 된다.

수동형 아버지는 근면하고 안정적이며 말수가 적다. 가장 많은 아버지들이 이 스타일에 속한다. 수동형 아버지를 둔 자녀들은 이렇게 말한다. "아빠는 죽은 거야? 자는 거야?" 그는 양육을 엄마에게 맡겨 놓고 자기는 저만치 떨어져 나가 멀뚱히 쳐다본다. 자녀들이 공부를 잘하든 못하든 무슨 생각을 하고 무슨 선택을 하든 상관 않는다. 이런 아버지 밑에서 자란 자녀들은 자기표현이 안 되고 매사에 소극적이며 남에게 이끌려다니다가 불이익을 당하는 등 어려운 삶을 산다.

부재형 아버지는 자녀들을 버리고 떠난 아버지를 말한다. 이혼했거나 가출했거나 아니면 한 집에 살면서도 한 식구로 사는 것이 아니라 완전히 남남처럼 산다. 자녀들을 만나지 않으려 하며 최대한 접촉을 피한다. 부양의 의무를 저버리고 부자간 또는 부녀간의 인연을 끊으려고 한다. 부재형 아버지 밑에서 자란 딸은 남자를 불신하기 때문에 결혼을 하기가 어렵다. 아들은 나중에 성취지상주의형 아버지가 되거나 폐쇄적인 스타일이 되어 타인과 신뢰 관계를 형성하는 데 실패한다.

자상한 멘토형 아버지는 자녀들의 정서를 잘 알고 현명한 양육을 위해 애쓰는 스타일이다. 또한 자녀의 생각을 존중하고 자녀들이 친구처럼 대할 수 있을 만큼 모든 권위주의를 내려놓은 아버지다. 그러면서도 자녀들에게 필요한 모든 것을 지원하려고 애쓴다. 앞서 언급한 '프렌디'에 가까운 모습이다. 여유가 있으면 있는 대로 없으면 없는 대로 가족을 위해 시간을 내어 동고동락한다. 자녀들뿐만 아니라 가족의 모든 문제를 대화로 풀어 나간다. 자상한 멘토형 아버지 가운데는 좋은 아버지를 만났거나 남다른 교육을 받은 사람이 많다. 멘토형 아버지를 둔 자녀들은 아버지라는 든든한 후원자를 두고 매사에 자신감 넘치는 행동을 한다. 타인을 포용하고 도우려는 긍정적인 자세를 보이며 "고마워요, 아빠."를 입에 달고 산다. 성장하면 역시 멘토형 아버지 또는 어머니가 된다.

여러 가지 유형이 논의되었지만 목표는 단 하나 프렌디, 멘토형 아버지다. 스테판 폴터는 말했다. 누구나 성취지향형, 시한폭탄형, 수동형 아니면 부재형 중 하나에 속하지만 우리 모두가 프렌디, 멘토형으로서의 성향을 어느 정도는 가지고 있다고. 다만 그 밖의 유형이 강하게 툭툭 튀어나올 때가 많고 스타일이란 항상 달라진다는 점이 문제다. 달리 말하면 누구나 의식적으로 노력한다면 멘토형 아버지가 될 수 있다는 말이다.

또한 멘토형 아버지라고 해서 완벽한 아버지는 아니다. 그도 역시 인간이기 때문에 실수할 수 있고 자녀들도 잘못된 길로 갈 수 있다. 아버지에게 요구되는 모든 덕목을 다 갖춘 아버지가 세상에 어디 있겠는가? 오직 좋은 아버지가 되기 위해 연습하는 사람과 그렇지 않은 사람이 있을 뿐이다. 프렌디, 자상한 멘토형 아버지는 아이들도 좋아하고, 엄마들도 좋아하고, 사장님도 좋아하는 대한민국의 아버지다.

만일 내가 다시 아이를 키운다면

- 다이아나 루먼스

만일 내가 다시 아이를 키운다면
먼저 아이의 자존심을 세워 주고
집은 나중에 세우리라

아이와 함께 손가락 그림을 더 많이 그리고
손가락으로 명령하는 일을 덜 하리라

아이를 바로잡으려고 덜 노력하고
아이와 하나가 되려고 더 많이 노력하리라

시계에서 눈을 떼고
눈으로 아이를 더 많이 바라보리라

만일 내가 다시 아이를 키운다면
더 많이 아는데 관심을 갖지 않고
더 많이 관심 갖는 법을 배우리라

자전거도 많이 타고 연도 더 많이 날리리라
들판을 더 많이 뛰어다니고
별들도 더 오래 바라보리라

더 많이 껴안고 더 적게 다투리라
도토리 속의 떡갈나무를 더 자주 보리라
덜 단호하고 더 많이 긍정하리라

힘을 사랑하는 사람으로 보이지 않고
사랑의 힘을 가진 사람으로 보이리라

파더십
4강

당신은 누구이며,
어디에 있고 어디로 갈 것인지,
아빠로서의 자신을 돌아보고
가족의 비전을 세워야 할 때다.

아빠, 가족의 비전과 품격을 디자인하다

"당신은 한국에서 태어나 미국 시민으로 살고 있습니다. 그런데 만약 미국의 외교관이 되어 미국과 한국의 이익이 서로 충돌하는 현장에 있게 된다면 어느 쪽을 선택할 겁니까?"

"저는 한국과 미국 어느 편에도 서지 않을 것입니다. 다만 정의의 편에 설 따름입니다."

한국계 미국인 정주리 씨가 뛰어난 경쟁자들 사이에서 미국 외교관 시험에 당당히 합격한 것은 그 한마디 덕분이었다.

그녀는 어려서부터 아버지의 지도에 따라 매일매일 성경을 읽었다. 그녀의 아버지는 성경 속 '공의로움'에 대해 자주 강조하곤 했다. 덕분에 자연스레 그녀의 마음속 깊이 공의로움, 바로 정의가 들어왔다. 그녀가 외교관을 꿈꾸게 된 것도 아버지로부터 들은 성경 이야기에서 배운 '정의'를 실천하기 위한 것이었다.

비전과 품격,
파더십
불변의 다이나모

아버지에겐 아버지다운 품격이 있어야 한다.
아버지의 품격은 또한 가족의 품격이다. 아버지다운 품격이 있다는 것은
중심이 확고히 잡혀 있어 흔들리지 않는 내면의 힘이 있다는 것이다. 그
힘이 밖으로 흘러나와 말로는 설명할 수 없는 카리스마를 형성할 때 아
버지다운 품격이 갖추어진다. 또한 아버지다운 품격이 있다는 것은 비
록 소박하지만 자기 나름의 내적 가치, 즉 사람에게 첫째로 소중한 것은
무엇이고 둘째로 소중한 것은 무엇이며 그리고 셋째로 소중한 것은 무엇
이라는 확고한 우선순위가 정해져 있다는 의미다. 그래서 아버지 개인의
삶에서 그 우선순위가 엄격히 지켜지며, 그것을 자녀들과 공유하여 자녀
들 또한 그 우선순위를 삶의 모든 영역에 적용하도록 하는 실질적 영향
력을 발휘할 때, 사람들은 그런 아버지들을 품격 있는 아버지라고 부른

다. 아버지다운 품격, 그것이 진정한 파더십의 출발이다.

우리 집의 경우를 보면 역시 세상을 살아가는 데 가장 요긴한 것은 돈이다. 요즘 세상은 뭐니 뭐니 해도 머니가 최고다. 세상에 돈보다 좋은 것이 어디 있으랴!

그러나 우리 가족에겐 돈보다 중요한 것이 딱 하나 있다. 그것은 전문가다운 창의성이다. 우리는 전문적 창의성을 살리는 일을 위해서라면 가진 모든 돈을 다 쏟아붓는 식으로 살아간다. 우리 부자도, 오랫동안 국제 경영 컨설턴트로 일해 온 큰딸도, 홈 스타일링 스튜디오를 열고 있는 작은딸도, 지금까지 그래 왔으며 앞으로도 계속 그럴 것이다.

그런데 우리 가족에게 전문적 창의성보다도 더 소중한 것이 하나 있다. 바로 가족과 이웃에 대한 신뢰와 우애다. 가족과 이웃에 대한 신뢰와 우정을 도외시한 채 전문적 창의성을 추구한다는 것은 우리에겐 용납되지 않는 일이다. 창의적인 삶이라는 것은 어디까지나 가족과 이웃에 대한 신뢰와 우애를 실현시키기 위한 하부 수단에 불과한 것이다. 신뢰와 우정이라는 울타리 안에서만 창의성이라는 것이 가치와 의미가 있다는 말이다.

그러나 우리에겐 가족과 이웃에 대한 신뢰와 우애보다도 더 중요한 것이 하나 있다. 신과의 영적인 교통이 끊어지지 않게 하는 것, 즉 영성의 함양이 그것이다. 가족과 이웃에 대한 신뢰와 우애라는 것도, 그리고 전문가다운 창의성이라는 것도 결국은 모두가 합하여 영성이라는 더 큰 목적에 봉사하기 위한 것이다. 우리는 끝없는 영성의 함양을 위해 사람에게 신뢰와 우애를 지키는 것이며 그것을 구체적으로 실현하기 위해 전문가다운 창의성을 계발하려 노력한다. 그러다 보면 일용할 양식이 작은 축복으로 주어지는 삶을 추구한다. 그럼, 영성보다 더 중요한 것은 무엇인가? 그런 것은 없다.

즉, 우리 집의 경우는 세상에서 첫째로 소중한 것은 영성이고 둘째로 소중한 것은 신뢰와 우애, 그리고 세 번째로 중요한 것은 창의성이다. 그리고 네 번째로 중요한 것은 돈일 수도 있지만 나머지는 사실 모든 게 다 거기서 거기다.

우리가 나름의 가치 우선순위를 정해 두고 그것을 수첩에 적어 놓고 살아간다는 사실은 우리에게 뿌듯한 자긍심과 어떤 어려움이 닥쳐도 흔들리지 않고 일관된 잣대로 세상을 읽으며 의연하게 앞으로 나아갈 수 있다는 안도감을 주기도 한다. 우리에게 큰 재산은 없지만 이런 내면적 합일감이 그 어떤 부동산이나 금괴보다 더 소중한 자산이라 여기며 살아간다. 그것이 우리 가족의 품위다.

아버지다움, 아버지다운 품격은 그가 내면에 품고 있는 가치 체계가 얼마나 확고하며 얼마나 일관성 있게 삶의 현장에 적용되고 있는가에 의해 결정된다. 당장의 이익이나 편안함 또는 기회나 비용에 관계없이 가치 그 자체가 목적이 되는 모습을 자녀들에게 보여 주는 것, 그것이 품격이다. 품격을 제대로 디자인한다는 말은 가치 우선순위를 적어 둔 한 권의 노트를 지닌다는 것이다.

자녀의 인생을 빛나게 하자면 아버지 자신의 삶이 이런 품격으로 빛나야 한다. 자녀라는 별이 광채를 발하기 위해선 아버지다운 품격이라는 원천적 빛이 있어야 그것을 반사하는 별이 빛날 수 있는 것이다. 그렇다고 해서 아버지가 반드시 사회적 명망가처럼 빛나는 스타가 되어야 한다는 말이 아니다. 지극히 평범한 비전이면 된다. 가난하게 살지만 배려라는 가치를 실현하기 위해 한 달에 3만 원을 돈이 없어서 치료받지 못하는 사람들을 돕는 재단에 보내 주는 것만 해도 그야말로 품격이 넘치는 삶이다.

커다란 업적을 남기는 삶이 아니라 할지라도 내면에 품고 있는 가치에 비추어 볼 때 지금 세상에 가장 시급한 문제는 어떤 것인데 그 일에 조금이나마 보탬이 되고자 언제까지 무엇을 이루고 말겠다는 결의를 아이들에게 설명해 주고, 아이들도 중요한 일익을 감당하도록 하는 것, 그런 진행 상태를 같이 기록하고 확인하며 그 안에서 즐거움을 찾는 것, 그것이 아버지다운 빛을 아이들이라는 별에게 반사시키는 구체적인 방법이다.

수많은 사람들이 가슴에 꿈을 품고 아빠가 되어 가족이라는 벤처 기업을 차린다. 그러나 40세 50세가 되어도 생계 유지조차 힘겨운 삶을 산다. 그런가 하면 소수의 사람들은 가슴에 꿈을 품고 살 뿐만 아니라 그 꿈을 언제까지는 반드시 이루겠다는 날짜를 아로새겨 놓고 산다. 그래서 10년이나 20년이 지나면 시간적 경제적 여유를 누리며 자녀들의 미래를 위해 과감히 투자하며 든든한 버팀목이 되어 준다.

매우 극소수의 사람들은 가슴속에 꿈과 날짜가 있을 뿐만 아니라 그 것을 아주 은밀한 노트에 적어놓고 매일 들여다보며 살아간다. 덕분에 자녀들의 역할 모델이 되며 또한 주변의 많은 사람들에게 선한 영향을 선물하는 삶을 산다. 리더십 연구자들이 사용하는 통계자료를 보면 어느 시대 어느 나라를 막론하고 약 3퍼센트의 사람들이 그런 삶을 살아간다 고 한다.

요컨대 은밀한 노트에 적힌 구체적인 비전이 있느냐 없느냐 하는 것 이 진정한 파더십을 발휘하는 삶을 사느냐 그렇지 못하냐를 결정한다. 아버지다운 품위를 디자인하는 3퍼센트의 아버지들은 자기는 어떤 가치 관의 소유자이며, 자기 삶을 이끌어가는 목적의식은 어떤 것이며, 그 목 적을 이루기 위해 자신이 일생을 바쳐 헌신할 삶의 과제는 무엇이라는 세세한 내용을 은밀한 노트에 기록한다. 그리고 그 과제를 완수하기 위 해 스스로 무엇을 배우고 무엇을 준비하며 무엇을 대가로 지급할 것인지 를 결정해 두고 그런 것들이 적혀 있는 노트를 주기적으로 검토하며 수 정하고 보완한다.

◎ '아빠의 서약'을 글로 써라

아버지로서의 당신 삶의 비전은 무엇인가? 만약 당신에게도 행복한 가정을 이루려는 비전이 있다면 이제 그것을 구체적으로 적어야 할 때다. 당신이 생각하고 원하는 아버지의 모델, 아버지의 품격을 디자인할 때다. 한 가족의 아버지, 가장으로서 당신은 누구이며 어디에 있으며 무엇을 위해 어디로 갈지를 글로 조목조목 기록해 들여다보아야 한다.

아버지로서 인생의 비전을 담아 '아버지의 서약'을 작성해 보자. 아버지의 서약은 당신의 존재 이유를 공식적으로 밝히는 문서다. 이것은 세상을 살아가는 데 도움을 주는 매우 실용적인 문서다. 인생의 항로를 발견하고 항해를 시작하고 평가하고 수정하고 다시 항해를 시작할 때 변하지 않는 틀을 제시해 주는 길잡이. 이는 진정 당신을 이끄는 삶의 목적이 무엇인지, 그 목적을 위해서 어떻게 살아야 하는지, 후에 어떤 사람이 될 것인지와 관련된 삶의 다양한 이슈를 구체적으로 조정하고 통제할 수 있게 해 준다. 아버지의 서약은 당신과 당신의 가족을 행복으로 이끌어 가는 데 유익한 가이드가 되어 줄 것이다. 잘 작성된 사례를 참고해 서약문을 작성해 보자.

아버지의 서약

2013년 여름 제주에서 홍길동

다음의 목록은 내 삶의 의미를 완성하고 꿈을 현실로 이루기 위한 나름의 가치관과 원칙 그리고 방법이다. 나는 이 목록을 일생 동안 간직하며 모든 선택의 순간마다 들여다보며 내 삶의 푯대로 삼을 것이다.

내가 품고 사는 가치

- 힘 앞에 굴하지 않는 굳센 기운

- 가족을 사랑하고 신뢰를 지키는 일

- 아무도 손대지 않은 새로운 분야를 탐구하는 일

나를 이끄는 목적의식

- 서로 도와 가며 빈부 격차를 없애 가는 일

- 지치고 힘겨워하는 사람들을 위한 배려

- 돈이 없어서 치료를 받지 못하는 사람이 없는 세상

가족에게 가치관을 심어 주기 위한 나의 행동 목록

- 아이들에게 자주 책을 읽어 주고 또한 최대한 많은 책을 읽게 한다.

- 아이들의 나이에 맞는 한계 내에서 아이들을 믿어 준다.

가족을 섬기는 나의 방법 목록

- 가족을 먼저 섬기고 그다음 직업에 충실히 임한다.

- 자녀 교육보다 아내 사랑을 앞세운다.

- 아이들이 자신의 대학 입학 전에 20개국을 여행할 수 있게 해 준다.

아버지

- 에드가 앨버트 게스트

아버지는 국가를 경영하는
적절한 방법을 아신다.
지금 무엇을 해야 마땅한지에 대해서도
우리 자식들에게 매일 말씀해 주신다.
신뢰를 다지는 방법을 알고 계시며,
간단한 계획으로 그것을 이뤄 내신다.
그러나 보일러를 수리해야 할 때,
전문가에게 맡기는 게 나음을 아신다.
아버지는, 하루 이틀 만에 대도(大盜)들을 잡아
감옥에 넣을 수 있는 분이다.

'실패'는 염두에도 두지 않는 분이니,
아버지에게 불가능이란 없다.
아버지는 '우리의 믿음'을 북돋워 주시니,
그 점에 있어서는 추호도 의심할 여지가 없다.
그러나 의자를 고쳐야 할 때,
전문가에게 의자를 보내는 게 나음을 아신다.

온갖 공적 문제들에 대해,
아버지는 즉석에서 답을 내놓으신다.
혼란이 가라앉을 때까지 기다리기보다는,
한참 문제가 달아오른 동안 해결을 보신다.
재정 문제에 있어서도 아버지는
의회에 방향을 제시해 줄 만한 분이다.

하지만, 아, 만기가 된 어음을
지불하는 일만큼은 아버지도 힘겨워하신다.

입법자들이 만들어 놓은 법안들을 읽으며
진저리를 치시지만,
그래도, 아버지는 사람들에게 필요한 분이고,
정도에서 벗어난 적이 없으시다.
내가 이 글을 쓰는 속도만큼이나,
신속하게 온갖 반목을 끝내시되,
이웃이 일으키는 소동에 대해서는,
어머니에게 상대하게 하신다.

아버지는 대화를 통해
수많은 경이로운 일들을 해내시고,
어느 대통령이나 왕보다도
현명한 계획을 세우신다.
업무에 관해서라면 구석구석
깊은 곳까지 파악하고 계신다.
그러니 우리가 이론에 대해서는 아버지에게,
행동에 대해서는 어머니에게 의지할밖에.

뼈대 있는 집안의 '뼈대', 핵심가치

수년 전 미국 국무성에서 외교관 공개 채용 시험이 있었다. 이미 필기시험을 거쳐 경쟁자가 꽤 줄어들었지만 최종 구술시험의 경쟁도 여간 치열한 것이 아니었다.

한국 출신 이민 2세인 정주리 씨도 필기시험에 합격해 구술시험을 치르게 되었다. 3살 때 부모를 따라 미국으로 건너간 그녀는 누가 보아도 한국인이라는 것을 금방 알 수 있었다. 그녀는 아무런 경력도 배경도 박사 학위도 없는 처지에서 쟁쟁한 지원자들과 경쟁하게 되었다. 어느 모로 보나 지원자 중 가장 불리한 여건에 있었다.

드디어 구술시험 날이 되었고 정주리 씨가 시험관 앞에 앉았다.

"자료를 보니까 한국계 이민 2세인데, 맞습니까?"

"네. 그렇습니다."

"당신은 한국에서 태어나 지금은 미국 시민으로 살고 있습니다. 그런데 만약 이번 시험에 합격하면 앞으로 미국 정부의 외교관이 되어 활동하는 과정에서 미국의 이익과 한국의 이익이 서로 충돌하는 현장에 있게 될 수도 있습니다. 그럼 당신은 어느 쪽의 이익을 선택할 작정입니까?"

"저는 미국이나 한국, 그 어느 편에도 서지 않을 것입니다."

"네? 그럼….."

"저는 다만 정의의 편에 설 따름입니다."

바로 그 한마디였다. 누가 보아도 가장 불리한 위치에 있던 정주리 씨가 당당히 합격할 수 있었던 것은 결정적인 이 한마디 덕분이었다. 만약 그녀가 미국이나 한국 중 어느 편에 서겠다고 대답했다면 그녀는 불합격했을 것이다. 그 질문은 너무나 날카롭고 난처한 것이었다. 그럼에도 불구하고 정주리 씨는 어떻게 일말의 망설임도 없이 그런 대답을 할 수 있었을까?

그녀는 철저한 신앙생활을 하는 부모의 지도에 따라 어려서부터 하루도 빠짐없이 성경을 읽었다. 그녀의 아버지는 같이 성경을 읽을 때면 어김없이 '하나님의 공의로우심'을 언급하곤 했다. 성경을 읽으면서 그녀의 마음속까지 가장 깊이 파고 들어온 단어는 바로 공의로움, 즉 정의였다. 정의는 자연스레 그녀의 삶에서 가장 중요한 것으로 자리 잡았다. 그녀가 외교관이 되겠다는 꿈을 꾸게 된 것은 바로 성경에 비춰진 공의로움을 현실의 국제 관계에서 세워야 한다고 생각했기 때문이다.

물론 그녀에게 있어서 외교관 시험에 합격하는 개인적 성공은 중요한 일이었다. 하지만 개인적 성공보다 더 중요한 것은 국익이었다. 그리고 국익보다 더 중요한 것은 정의를 구현하는 일, 그녀에게 정의보다 더 중요한 것은 없었다. 그녀는 국익이나 개인의 성공이라는 것도 정의가 실현될 때 극대화되는 것이라고 생각했다.

이것이 바로 가치관이다. 무엇이 무엇보다 더 중요하다는 생각의 순위 체계, 일생을 두고 모든 선택의 갈림길에서 무엇을 최고의 기준으로 삼을 것인지를 아는 것이 삶을 성공적으로 이끌어 가기 위한 첫 번째 요건이다. 가치관은 운명을 좌우하는 나침반이다. 여러 가치에 대한 생각의 체계와 우선순위가 없으면 우리는 우리가 진정으로 원하는 것이 무엇인지를 모르게 된다. 인생의 고비에서 어떤 결정을 내려야 하는지 갈팡질팡하다가 결국 인생을 낭비하게 된다. 그러니 고통스러운 삶의 연속일 수밖에 없다. 확고한 가치관이 없으면 인생의 목표를 달성해 봤자 영혼에서 우러나오는 행복은 느낄 수 없다.

뼈대 있는 집안을 만드는 '뼈대'는 바로 가족만의 특별한 가치관, 핵심 가치다. 함께 모여 앉아 음식을 먹고 마시며 스스럼없이 이야기하고 여행한다고 해서 가족이 하나가 되었다고 하기엔 여전히 부족함이 있다. 그런 것들도 중요하긴 하지만 생각이 통해야 하나가 되는 것이다. 즉 무엇이 더 소중하고 무엇이 더 유익한지에 대한 생각, 가치관을 하나로 일치시킬 수 있을 때 비로소 하나 된 가족이라고 할 수 있다.

아버지들은 가족이 하나의 핵심적인 가치관을 가질 수 있도록 잘 이끌어야 한다. 핵심 가치를 친근한 글이나 그림으로 표현하여 아로새기는 것도 좋은 방법이다.

패밀리 스토리를 발굴하라

인생은 드라마다. 스토리다. 그 사람이 살아 온 스토리가 전해져 다른 사람의 삶이 된다. 특히 가족의 경우에는 더욱 그러하다. 시조로부터 시작된 스토리의 향연이다. 조부모의 스토리, 부모의 스토리를 거쳐 지금 당신을 주인공으로 한 스토리가 이어지고 있다. 즉 선대의 모든 스토리가 자녀의 삶이 되고 미래가 되며 운명이 된다.

강릉 선교장, 경포대를 여행한 사람이라면 한 번쯤은 방문해 보았을 것이다. 우리 가족도 여러 번 문화 해설사의 강의를 들으며 구경한 적이 있다. 선교장은 효령대군의 11세손 이내번이 지은 조선 후기의 대표적인 부잣집이다. 이내번은 충주에서 살다가 어머니 권씨 부인과 함께 강릉으로 이주해 왔다. 그 후 경포호 부근의 염전을 사들여 부자가 되었다.

선교장을 실질적인 만석꾼으로 만든 것은 이내번의 손자 이후였다. 13세부터 집안의 가장이 된 이후는 온갖 어려움을 이겨 내고 억척의 노력으로 만석꾼이 된 인물이다. 원래 그의 이름은 면조였는데 스스로 후로 바꿨다. 더 이상의 과욕을 경계하기 위해 '모든 것이 이미 기득 찼다'는 의미로 이름을 두터울 후(厚)로 바꾼 것이다. 지나친 부의 축적은 오히려 재앙이 될 수 있다는 것을 자신과 후손들에게 보여 주기 위해서였다. 그는 세상을 떠나기 전 자식들에게 이런 유훈을 남겼다.

"무릇 사람이 재산을 일으킴에 있어 올바른 도리를 따르면 일어나고 도리를 거스르면 망한다. 사람이 나누지 않으면 하늘이 반드시 나눌 것이다. 만약 하늘이 나눈다면 먼저 화를 내릴 것이니 삼가지 않을 수 있겠느냐."

이후는 소작인들에게 토지 경작을 위임했다. 상생을 기조로 그들에게 충분히 저렴한 소작료를 부과했고, 일단 소작을 하면 누구나 잘살 수 있도록 넉넉한 토지를 제공해 주었다. 토지를 팔지 않으면 안 될 정도로 곤경에 빠진 사람이 요구하면 그 토지를 후한 값에 사 주고 계속해서 그 곳에서 경작할 수 있도록 선처했다. 뿐만 아니라 토지를 팔았던 사람이 후일 형편이 좋아지면 팔았던 토지를 싼값에 되찾을 수 있게 해 주었다.

선교장의 후예들은 300년 동안 이후의 스토리를 들으며 자라났다. 그 스토리에 담긴 메시지를 잘 받들어 나눔의 경영을 실천했다. 흉년이 들면 관아보다 먼저 솔선해서 구휼미를 풀어 주민들을 도와주었다. 후손들 중 누군가가 그 지역의 수령이 되면 으레 사재를 털어 빈민을 구휼하는 것이 집안과 지역의 전통이 되기도 했다.

나라가 망해 일제 치하로 들어가게 되자 선교장의 후예들은 동진학교를 세워 나라를 살릴 인재를 육성하고자 노력했다. 동진학교는 여운형과 이시형 등 당대 최고의 지식인들을 교사로 초빙했고, 모든 학생의 숙식비, 교복, 교재를 다 제공했다. 일제의 감시를 따돌리고 상해의 김구와 접촉하면서 막대한 독립 자금을 헌납하기도 했다.

선교장은 1720년대에 세워진 집이다. 지난 300년 동안 동학운동, 일제의 강점과 해방, 6·25전쟁 등 숱한 어려움이 있었을 텐데도 온전히 보전되어 있다. 바로 이후라는 제2의 창업자가 남긴, 대대로 전해진 패밀리 스토리 덕분이다.

진화론으로 유명한 찰스 다윈. 그는 어려서부터 의사이며 과학자였던 할아버지 에라스무스의 영향을 받았다. 아버지로부터 할아버지의 진화론 연구에 관한 이야기를 들으며 자란 다윈이 진화론 연구에 매진하게 된 것은 매우 자연스러운 일이었다. 할아버지의 진화론 이야기는 아버지를 통해 찰스 다윈에게 전해졌고 그를 위대한 과학자로 이끌어 준 계기가 되었다.

뿐만 아니다. 진화론에 관한 이야기를 들으며 자라난 다윈가의 후손들 중 어떤 사람은 우주진화론을 연구했고 어떤 사람은 식물학을 연구했다. 사람들은 다윈이라는 이름 뒤에 경이라는 칭호를 붙이기 시작했다. 대를 이어 전해진 패밀리 스토리가 다윈가를 세계적인 명문가로 도약하게 만들어 주었다.

우리 부자는 '비전'이라는 삶의 숙명적인 키워드를 발견한 그 순간부터 20년 가까이 함께 일해 왔다. 지금까지 모든 일을 아들이 옆에서 지켜보며 때론 손을 빌려 주고 때론 아이디어를 보태 주었다. 내가 쓴 첫 번째 책《아들아, 머뭇거리기에는 인생이 너무 짧다》를 쓸 때 나는 말하고 아들은 컴퓨터로 원고를 받아 적는 작업을 했다. 두 번째 책《Mom CEO》는 아들이 어느 날 뜬금없이 "아버지, 청소년들을 위한 비전 책은 어느 정도 마무리되신 것 같은데 엄마들을 위한 비전 책을 써 보는 건 어떠세요?"라고 제안한 데서 시작되었다. 세 번째 책《가슴 뛰는 삶》역시 아들과 이런저런 토론을 하다가 그 내용을 반영해 책으로 출간하게 되었다. 그 결과는 무척 좋았다.

그리고 바로 이 책, 아버지에 관한 책을 집필하게 되었다. 나는 "아, 그럼 이번 책은 아들과 함께 써도 될까요?" 하고 질문했고 출판사로부터 긍정적인 답을 얻었다. 그날부터 우리는 토론에 토론을 거듭하며 이 책을 작업했다. 우리의 이 작업 역시 하나의 스토리로 지우와 우석과 우진에게 또 후손들에게 전해지기를 소망한다. 패밀리 스토리야말로 가족의 뼈대이며 품격의 원천이다.

가족만의
독특한 라이프스타일을
창조하라

우리 집은 아이들이 초등학교에 다닐 때부터 해마다 신정 연휴가 되면 다섯 식구가 보따리를 싸서 어딘가로 떠나곤 했다. 명승지나 호젓한 곳, 아니면 유스 호스텔 같은 곳을 찾아가 한 이틀 정도 즐겁게 놀다가 돌아왔다. 그중 새해 첫날에는 각자 새해 목표를 한두 페이지씩 적었다. 이듬해에 또 놀러 가면 지난해에 적었던 것을 들여다보면서,

"아빠, 여기 적힌 이거 왜 실천 안 했어요?"

"엄마는 왜 약속대로 치킨을 안 사 줬어요?"

"오빠는 책 읽겠다고 해 놓고 오락실만 가더라, 크크."

하고 이야기하며 깔깔대고 웃다가 또 새해의 목표를 적어 보는 식이었다. 그때 일들은 아이들에게 다소 깊은 인상을 주었고, 가족 모두에게

목적의식을 갖고 살아야 한다는 특유의 인생관을 심어 주었다. 나중에 대학생이 된 막내딸은 가족 여행을 '패밀리 MT'라고 부르곤 했다.

또 아이들이 고민이 생길 때마다 모두 모여 치킨을 시켜 먹고 이런저런 이야기를 나누는 행사 역시 우리 가족만의 독특한 문화다.

"오늘 싸운 놈과 내일 화해를 해~ 말아?"

"인문계? 이공계? 예체능계?"

"찢어진 청바지 때문에 할아버지가 화가 나셨는데 어떻게 풀지?"

사실 대화보다는 먹는 것 자체가 위로였다. 먹다 보니 어느새 마음이 풀린 경우도 많았다. 지금도 우리 가족은 어딜 가나 치킨을 즐겨 먹으며 즐겁게 대화를 나눈다. 그게 무슨 주제이든 말이다.

미국에서 자녀 교육 분야의 권위자로 유명한 스콧 앤더슨. 그는《최고의 아빠》라는 책에서 어린 시절 기억 속 '가족의 날'을 소개했다. 아버지는 매주 화요일마다 가족과 함께하는 시간을 갖기 위해 다른 일정을 조율했다. 다른 일이 있어도 미루거나 앞당겨 화요일만큼은 반드시 가족과 함께 보냈다는 것이다.

스콧은 말한다. 가족의 날은 의무가 아닌 즐거움의 시간이었다고. 가족이 함께 낚시도 하고, 자전거도 타고, 아이스크림을 만들기도 하고, 연도 날리고, 소풍 가서 바비큐도 만들어 먹고, 퍼즐 맞추기도 하고, 곤충 채집도 하고, 영화를 보거나 수영을 즐기기도 하고… 하여튼 온 가족이 즐겁게 놀았다는 것이다.

이처럼 가족의 날을 충실히 지키는 모습을 보고 아이들도 아버지가

가족과 보내는 시간을 중요하게 여긴다는 것과 '우리 가족은 하나이며 언제나 함께한다'는 느낌을 받았다고 한다. 스콧 가족은 그렇게 일주일에 한 번은 반드시 가족 간의 관계를 돈독히 하는 시간을 보냈다. 그날은 가족을 하나의 공동체로 묶어 주는 사랑의 띠가 되어 주었다.[31]

어떤 가족은 토요일마다 함께 공연을 즐기러 간다. 연극이나 뮤지컬도 보러 가고 재즈 음악회도 가고 국화 전시회에도 가고 무역 박람회에도 간다. 유명 강사의 강연에 참석하기도 하고, 축구장, 야구장에도 간다. 공연이 끝나면 함께 식사하며 방금 보고 온 전시회나 공연 또는 영화 등에 대해서 자유롭게 이야기하며 즐거운 시간을 갖는다. 그렇게 함으로써 아이들은 폭넓은 교양을 갖춘 사람으로 성장해 간다.

스콧 가족의 '가족의 날' 아니면 우리 집의 '패밀리 MT' 또는 '치킨의 밤' 그도 아니면 '토요 공연' 등과 같이 가족 나름의 삶의 방식과 활동 습관들이 모여 그 집 특유의 냄새와 색깔, 문양 그리고 행동 패턴을 형성한다. 바로 가족만의 독특한 라이프스타일이 되는 것이다.

패밀리 라이프스타일은 더 확장될 수 있다. 가족이 움직일 때는 반드시 미리 예약하고 가는 것, 가족 나들이를 할 때면 모두가 같은 색깔의 옷을 맞춰 입는 것, 저녁 식사 후 가족이 모두 한 시간씩 책을 읽는 것 등 훨씬 다양하다. 몇 가지 예시를 읽어 보자. 바람직한 패밀리 라이프스타일을 디자인하는 데 도움이 될 것이다.

• 우리 가족은 매달 수입의 3퍼센트를 선한 일에 보탠다.

• 우리 가족은 매년 성탄절에 1년 동안 저축한 용돈을 불우한 이웃에게 전달한다.

• 우리 가족은 온 가족이 1년에 성경을 1독 이상 한다.

• 우리 가족은 한 달에 한 번은 신 나는 곳에 가서 행복한 이벤트를 가진다.

• 우리 가족은 언제나 식탁에 꽃을 꽂은 화병을 올려 둔다.

• 우리 가족은 저녁 식사 후 최대한 자주 함께 공원을 산책한다.

• 우리 가족은 앉을 자리를 양보하고 바쁜 차를 먼저 보내 주고 언제나 순서를 지킨다.

• 우리 가족은 다른 집을 방문할 때는 잊지 않고 꼭 작은 선물을 마련해서 간다.

• 우리 가족은 물건 하나를 사더라도 좋은 것을 사서 소중하게 오래오래 사용한다.

• 우리 가족은 육식보다는 채식을 즐기며 사서 먹기보다는 직접 만들어서 먹는다.

• 우리 가족은 각자의 삶의 목표를 가족 노트에 적어 놓고 서로 공유하며 격려한다. .

• 우리 가족은 한 달에 한 번씩 아파트 주변의 개똥을 치운다.

• 우리 가족은 언제나 이웃에게 먼저 인사한다.

• 우리 가족은 1년에 한 번씩 해외여행을 떠난다.

“ 아이와 함께하는 아빠들

서 과장은 연초 새해 계획을 세우면서 아들 영현이와 함께 테마 여행을 하기로 마음먹었다. 주말만큼은 엄마에게 휴식을 주고 아들과 많은 시간을 갖자는 취지에서 시작된 테마 여행은 지금까지 서점 여행(한 달여 동안 대표적인 서점에서 책을 읽고 구입하는 것), 대학 캠퍼스 여행(대표적인 대학 캠퍼스들을 돌아다니면서 아이에게 대학의 상징물도 보여 주고 학교에 대한 이야기도 나누는 것), 스포츠 여행(야구, 농구, 배구 경기장에 직접 가서 아이와 함께 응원하며 시간을 보내는 것) 등을 다녔다. 올가을에는 기차 여행, 별자리 여행, 대사관 & 문화관 여행 등을 떠날 계획을 세우고 있다. 서 과장은 “우리 아이만큼은 아빠표, 엄마표 교육을 시키고 싶다.”라며 “자연에서 배우고 사람들과 직접 부대끼는 현장이 훨씬 더 교육적이라고 본다.”고 강조했다.

정 차장은 9년 전부터 가족 블로그를 운영 중이다. 유달리 여행을 좋아하는 정 차장네 가족은 2주에 1번은 당일치기, 1년에 4번은 2박 3일짜리 여행을 다닌다. 나들이 장소는 가은이와 준영이가 책이나 잡지, 혹은 신문에서 본 곳을 골라 ‘가고 싶은 곳’ 리스트를 만들면 가족회의에서 결정한다. 올가을에는 제주도를 다녀올 예정이다.

안 과장은 요즘 아들 성민이를 위한 자연 학습의 일환인 캠핑 삼매경에 빠져 있다. 서울대공원과 난지캠프장, 강동 가족캠핑장까지 서울 근교 웬만한 캠핑장은 주말 정규 코스로 자리 잡았다. 안 과장은 “보다 넓고 생생한 자연을 접해야 아이가 넉넉한 마음을 가진 사람으로 자란다고 생각한다.”라고 말했다.

황 팀장에게 취미를 물어보면 주저 없이 가족과 야구 관람, 아들과 인라인 스케이트 타기라고 답한다. 주중에 주말 나들이 테마와 장소를 물색한 후 갯벌에서 조개 잡기, 냇가에서 고기 잡기, 사슴 먹이 주기 등 자연을 온몸으로 느낄 수 있는 여행을 구상한다.[32)]

우리에겐
꿈이
있습니다

"나에게는 꿈이 있습니다. 조지아의 붉은 언덕에서 옛 노예들의 후손과 노예를 부리던 이들의 후손이 우정을 나누면서 한 식탁에서 자리를 함께할 수 있는 날이 올 것이라는 꿈이 있습니다.

나에게는 꿈이 있습니다. 불의와 억압의 열기로 가득 찬 미시시피 주 당국이 자유와 정의의 오아시스로 바뀔 것이라는 꿈이 있습니다.

나에게는 꿈이 있습니다. 나의 어린 네 아이들이 그들이 지닌 피부색이 아닌 그들이 품고 있는 인격으로 판단받는 그런 나라에서 사는 날이 올 것이라는 꿈이 있습니다."

이상은 미국 흑인 인권 지도자 마틴 루터 킹 목사가 1963년 8월 28일 워싱턴의 링컨 기념관 계단에서 외친 유명한 'I Have a Dream' 연설의 일부다. 킹 목사의 이 연설은 20세기 최고의 연설 가운데 하나로, 흑백

인권 차별을 종식시키는 힘을 발휘했다. 현재 이 연설문은 인간의 꿈과 비전을 제시한 문장들 가운데에서 으뜸으로 평가받고 있다. 꿈과 결의와 갈망이 감동적으로 녹아 있기 때문이다. 이런 탁월한 문장을 틀로 활용해서 자신이 말하고 싶은 내용을 표현하는 것은 자신의 생각을 더욱 풍성하게 펼쳐나갈 수 있는 방법이다.

아래의 예를 참고해 가족의 꿈과 비전을 담아 '비전선언문'을 만들어보자. 'We Have a Dream'에는 우리가 지금까지 이 책에서 함께 논의해온 가족의 스토리, 가족이 공유하고 있는 핵심 가치, 독특한 라이프스타일, 그리고 계승 발전시켜야 할 가업 등이 잘 반영되어야 한다.

우리에겐 꿈이 있습니다

2013년 여름, 홍길동 가족

우리에겐 꿈이 있습니다. 앞으로 10년 내에 우리 가족 모두가 손에 손을 잡고 한 달 동안 스페인의 산티아고를 완주할 수 있는 날이 오리라는 꿈, 우리에겐 꿈이 있습니다.

우리에겐 꿈이 있습니다. 앞으로 5년 내에 아름다운 섬 제주에 우리 가족만의 여름 쉼터 '홍스토피아'를 지을 수 있으리라는 꿈, 우리에겐 꿈이 있습니다.

우리에겐 꿈이 있습니다. 우리 가족 모두가 세계의 여러 도시에 살며 각기 나름의 분야에서 탁월한 전문가로 활약하다가 해마다

6월이면 하와이에 모여 가족만의 단란한 시간을 갖게 되리라는 꿈, 우리에겐 꿈이 있습니다.

우리에겐 꿈이 있습니다. 우리 가족 모두가 근면하게 일하고 저축하여 3년 후부터는 한 명의 아프리카 소년 가장을 우리의 새로운 가족으로 맞이하여 함께 살아갈 수 있으리라는 꿈, 우리에겐 꿈이 있습니다.

'우리에겐 꿈이 있습니다'를 수예품으로 만들거나 서예로 쓰는 것도 가족을 비전 공동체로 성숙하도록 하는 좋은 방안이다. 아니면 노래로 만들어 가족이 화음을 맞추는 것도 좋다.

가장 중요한 것은 그 꿈들 중 어느 것 하나라도 실제로 이루는 것이다.

당신은 완벽한 부모인가?

시카고에 어린이를 위한 교정 학교(행동 장애나 정서 장애가 있는 아동을 교육하는 학교)를 설립한 브루노 베텔하임 박사는 정서적으로 안정된 자녀를 키우려면 사랑만으로는 부족하다고 지적했다. 애정이 넘치는 부모들도 자녀에게 부정적인 영향을 끼치는 실수를 할 수 있다. 단 애정의 실수가 아니라 판단의 실수다.

현명한 부모는 자녀가 올바로 행동할 때 애정과 관심을 표현하고, 그렇지 않을 때는 결과를 야단침으로써 자녀를 교육한다고 한다. 부모마다 양육 방침이 다르겠지만 자녀의 정신적, 정서적 건강에 도움이 되는 일반적인 지침이 있다.

테스트

부모와 자녀의 관계에 대한 미시간 대학의 제임스 V. 맥코넬 박사의 연구 결과를 토대로 한 다음의 문제를 풀어 보자.

1 아이들이 잘못된 행동을 했을 때 스스로 어떤 벌을 받을지 확실히 알아야 한다.
□예 □아니요

2 아이에 대한 나의 친밀한 감정은 아이의 행동에 따라 항상 바뀐다.
□예 □아니요

3 나는 아이가 성이나 담배, 술처럼 민감한 주제에 대해서 질문할 때 곤란함을 느낀다.
□예 □아니요

4 나는 매일 아이들과 따로따로 어떤 문제에 대해 이야기하는 시간을 가진다.
□예 □아니요

5 감정을 솔직하게 표현하는 것은 중요하다. 그래서 나는 형제자매나 친구들이 보는 앞에서 아이를 칭찬하거나 꾸중한다.

□ 예 □ 아니요

6 가끔씩 괴로운 일이 생기더라도 아이들은 최대한 빨리 독립심을 길러야만 한다.

□ 예 □ 아니요

7 나는 언쟁을 피하기 위해서 의견 차이가 예상되는 문제에 대해서 아이들과 잘 토론하지 않는 편이다.

□ 예 □ 아니요

8 나는 아이들에게 또래 친구 같은 공감대를 보여 주려고 노력한다.

□ 예 □ 아니요

9 아이들은 부모의 판단에 이의를 제기해서는 안 된다.

□ 예 □ 아니요

10 대부분의 아이들은 부모가 지금보다 더 큰 자유를 허락해 주기를 바란다.

□ 예 □ 아니요

11 너무 일찍 아이에게 많은 것을 요구하면 아이가 불안해하고 초조해할 것이다.

□ 예 □ 아니요

12 다루기 힘든 아이일수록 더 많이 혼내야 한다.

□ 예 □ 아니요

점수 계산

아래의 정답과 일치하는 문제에 1점씩 더한다.

1. 아니요 2. 아니요 3. 아니요 4. 예 5. 아니요 6. 아니요 7. 아니요

8. 아니요 9. 아니요 10. 아니요 11. 아니요 12. 아니요

10점 이상 당신은 이해심이 많은 부모이며, 아이를 잘 키우고 있다. 그래도 아래의 설명을 계속 읽고 의문을 가져 보자.

5~9점 당신은 보통 부모에 속한다. 여기서 만족하지 말고 아이를 더 건강하게 키울 수 있는 새로운 방법을 계속 찾아보자.

0~4점 당신은 애정이 넘치는 부모이지만, 새로 배워야 할 것들이 있다. 아래의 설명을 잘 읽고 주변의 훌륭한 부모들이나 전문가들과 이야기해 보자. 부모들의 모임에 가입하는 것도 아이들과 더 긍정적인 관계를 맺고, 더 지혜로운 부모가 될 수 있는 방법이다.

설명

1. 아니요. 아이가 잘못을 저지르기 전에는 법칙을 정하지 말아야 한다. 아이에게 특정한 행동을 수용할 수 없음을 알려 주되 실제로 잘못을 저지르기 전에 벌을 내리겠다고 위협하지 말아야 한다.

2. 아니요. 잘못을 저지른 아이에게 애정을 느끼기는 어렵다. 하지만 반항적인 아이에게 '반대'의 모습을 보여 주는 동시에 암시적인 애정을 비추는 것이야말로 현명한 부모만이 할 수 있는 일이다.

3. 아니요. 세상을 알아 가려고 노력하는 아이들은 호기심이 많을 수밖에 없다. 아이들은 연륜과 지혜를 갖춘 부모에게 어떤 질문이든 자유롭게 할 수 있어야 한다. 민감한 주제를 금기시하고 피하려고 하는 부모는 정서적으로 불안하다는 뜻이다. 아이가 민감한 주제에 대해 질문하더라도 적극적으로 대답해 주어야 한다.

4. 예. 아이들은 각자 따로 부모와 특별한 시간을 보내야 한다. 현명한 부모는 자녀의 개성을 존중하며 저마다 욕구와 궁금증이 다르다는 사실을 잘 안다.

5. 아니요. 다른 사람이 보는 앞에서 아이를 야단치는 것은 좋지 않다.

6. 아니요. 독립심을 허용하는 것은 건설적인 시도이지만, 독립이 아이들의 최대 관심사가 아닐 경우가 많다. 의사 결정을 할 때처럼 부모가 가끔씩 자녀에게 독립을 허락하는 것은 부모의 약점이나 우유부단을 뜻하는 경우가 많다. 자녀에게 아무런 해가 없는지 확신한 이후에 자유를 허락해야 한다.

7. 아니요. 서로 흥분하지 않고 새로운 관점을 교환할 수 있는 공정한 논쟁이라면 긍정적이다. 현명한 부모는 갈등과 논쟁을 통해 중요한 문제에 대해 아이에게 교훈을 줄 수 있어야 한다.

8. 아니요. 자녀에게 공감대를 보여 주기 위해 부모의 역할을 저버리는 것은 크나큰 실수다. 부모가 또래 집단과 똑같다는 느낌을 심어 주어서는 안 된다. 부모의 권위적인 역할을 포기하지 않아도 자녀와 공감대를 형성할 수 있는 방법은 많다. 바로 즐거운 시간을 함께하거나 어떤 결정을 같이 내리거나 하는 것들이다.

9. 아니요. 부모의 결정에 대해 솔직하게 이의를 제기하게 할수록 독립적이고 책임감 있는 아이로 키울 수 있다. 자녀가 부모의 권위에 이의를 제기하도록 허락하면 부모가 자신의 선택을 확신하는 모습을 보여 줄 수 있을 뿐 아니라 자녀의 의견을 존중하는 모습도 보여 줄 수 있다.

10. 아니요. ‘학생들의 견해 연구소’에서 학생 2만 7천 명을 대상으로 조사한 결과, 66퍼센트는 엄격한 부모가 좋다고 대답했고, 33퍼센트는 부모가 덜 엄격했으면 좋겠다고 대답했다.

11. 아니요. 하버드대학교 연구진은 부모가 초기에 자녀에게 합리적인 수준의 ‘성취’를 요구할수록 성취에 대한 자녀의 욕구가 더 강해지므로 부모와 원만한 관계를 유지할 수 있다고 밝혔다.

12. 아니요. 공정한 훈계는 필요하다. 하지만 대부분의 문제는 훈계 없이 부모의 통찰력으로 바로잡을 수 있다. 위스콘신 대학 연구진이 비디오테이프 자료를 분석한 결과, 자녀가 ‘다루기 힘들다’고 말하는 어머니일수록 괴로워하는 유아의 욕구를 잘 이해하지 못한다고 밝혔다. 또한 연구진은 그러한 부모일수록 더 열심히 노력해야만 자녀의 욕구을 파악할 수 있다고 밝혔다.[33]

"당신은 보석 상자와 금궤처럼

헤아릴 수 없이 많은 재산을 가졌을 수도 있습니다.

하지만 당신은 절대 저보다 부자일 수 없지요.

저에게는 꿈을 보여 주는 아빠가 있으니까요."

아빠,
세상을
보는 창을
열어주다

　　" 아이다의 아버지는 인도에서 의료 봉사를 하고 있었다. 그녀가 인도에서 머물던 어느 날 밤이었다. 인도 브라만 남자 한 명이 찾아왔다.

"의사 선생님, 아기도 산모도 다 죽을 것 같소. 도와주세요."

그녀는 자신은 의사가 아니니 아버지가 돌아오면 말씀드리겠다고 했다. 그 남자는 낯선 남자를 집 안에 들일 수 없다며 그냥 돌아갔다. 잠시 후 회교도, 힌두교도 남자도 같은 이유로 왔다가 고개를 저으며 떠났다.

그날 밤 그녀는 잠을 이룰 수가 없었다. 아침이 되어 아이다가 잠에서 깨어났을 때, 그 세 여인은 이미 죽어 있었다. 그녀는 그날 오후 늦게 아버지에게 가서 이렇게 말했다.

"죽어 가는 생명을 살리는 것만큼 귀한 일은 없는 것 같아요. 전 아버지가 자랑스러워요. 저도 의사가 되겠어요."

밤마다
꿈을
읽어 주어라

유태인 인구는 세계 인구의 0.3퍼센트에 불과하다. 그러나 놀랍게도 역대 노벨상 수상자의 22퍼센트가 유태인이다. 유태인들은 타고난 머리가 좋은 걸까? 아니면 어떤 특별한 비결이라도 있는 것일까? 그들이 그토록 많은 노벨상 수상자를 배출한 데에는 아이들이 잠들기 직전에 성경책을 읽어 준다는 비밀이 있다. 성경의 대부분은 조상들의 활약상에 대한 것이다. 영화 〈엑소더스〉의 흥미진진한 이야기, 한 아이를 놓고 서로 엄마라고 우기는 여인들에 대한 솔로몬의 지혜로운 재판 이야기, 나이 어린 시골 목동 다윗과 천하무적 골리앗의 숨 막히는 대결 이야기, 수레를 탄 채 하늘로 올라간 선지자의 이야기 등 온갖 호기심과 상상력을 자극하는 이야기가 많다.

또한 책만 읽어 주는 것이 아니라 때론 이야기보따리도 풀어놓는다.

가깝게는 아버지나 할아버지 이야기로부터 멀게는 고대의 역사 이야기에 이르기까지 수많은 스토리를 들려준다.

유년기에 부모에게 이런 흥미진진한 이야기를 들은 아이들이 학교에 들어가면 여러 가지 의문이 생긴다. "어떻게 해서 그런 일이 가능했을까?" "카인과 같은 악인은 어떻게 해서 생겨나는 것일까?" "홍해 바다는 어떻게 되어 있기에 막대기로 내리친다고 갈라지는 것일까?" 하는 식으로 "왜?" "어떻게?"라고 중얼거리면서 아이들은 부모에게서 들은 이야기들을 곱씹어 본다. 그뿐 아니다. 본격적으로 글자를 배우게 되면 그런 이야기들을 직접 자기 눈으로 확인해 보고 싶어 책 속 이야기들을 읽고 또 읽는다.

아이들이 고등학교를 졸업하면 보다 높은 차원의 의문을 가지게 된다. "보이지 않는 조물주가 어떻게 보이는 만물을 창조할 수 있었을까?" "어떻게 '말씀'으로 산천초목과 물고기와 짐승들을 창조할 수 있단 말인가?" 이런 의문을 갖고 자연스럽게 자연을 연구하고 그 속에서 창조의 비밀을 탐구하며 과학에 흥미를 갖게 된다. "조상들이 이집트에서 탈출하여 홍해를 건너 팔레스타인까지 왔다는데 이집트는 언제 생겼고 그 인종의 특징은 무엇이며 어떤 문화를 가지고 있을까?"라는 의문을 가진다. 자연히 지리학, 역사학, 문화인류학에 관심을 갖고 문학과 언어학에도 관심을 보인다.

그들은 식탁에서 부모들과 이런 의문을 놓고 항상 대화를 나눈다. 거기서 아이들은 사고의 지평을 넓히고 사물을 보는 관점을 확립하기 시작한다. 더욱이 유태인들은 금요일 오후부터 토요일 오후까지를 안식일로 정해 놓고, 그 시간에는 아무도 집에서 100미터 이상 나가지 않는 전통을 가지고 있다. 주말마다 온 가족이 집이라는 한정된 공간에 머물다 보니 자연스레 질문하고 토론하는 하나의 '문화'가 형성되어 있다.

이렇게 책을 읽어 주고 토론하는 부모가 있었기에 물리학의 천재 아인슈타인이 나올 수 있었고, 심리학의 대가 프로이트가 나올 수 있었으며, 〈쥐라기 공원〉 등 명작을 잇달아 내놓은 상상력의 황제 스티븐 스필버그가 나올 수 있었던 것이다.

아버지가 가족을 하나로 묶는 끈을 더 강하게 만들고, 동시에 아이들에게 꿈을 보여 주는 가장 좋은 방법은 아이들에게 책을 읽어 주거나 함께 책을 읽는 것이다. 아이들에게 잠자리에서 책을 읽어 주는 것은 아이와 부모 양쪽 모두에게 강력한 효과를 발휘한다. 아동심리학자들은 그 타이밍이 "빠를수록 더 좋다."라고 충고한다.

미국에서 위대한 업적을 이룬 몇몇 유명한 사람들을 대상으로 한 가지 조사를 벌였다. 질문 중 하나는 "어린 시절의 경험 중 어떤 것이 당신 삶에 가장 큰 영향을 주었나요?"였다. 그들의 가장 공통적인 대답은 "부모님이 잠들기 전 내게 책을 읽어 주신 거예요."였다.

아이에게 책을 읽어 주는 이 간단한 방법은 규칙적으로 행해지기만 한다면 헤아릴 수 없을 정도로 많은 장점이 있다.

먼저 잠자리에서 책을 읽어 주는 것은 아이와 부모를 신체적, 감성적으로 결속시킨다. 책을 읽어 주려면 부모는 보통 침대에 누운 아이 옆에 붙어 앉아야 한다. 그때의 신체적 접촉은 아이에게 따듯함과 안정감을 느끼도록 해 준다. 그리고 함께 나누는 이야기들은 아이에게 질문을 유발하고 자기주장을 이끌어 내기 때문에 서로간의 대화 시간을 풍성하게 만들어 주고, 정서적인 친밀감을 유도해 준다.

책을 읽어 주는 것은 아이를 위대한 문학적 감동과 사물의 이치에 대한 예리한 통찰력을 지닌 사람으로 성장하게 한다. 문학적으로 잘 구성되고 가슴 뛰게 하는 꿈을 가지게 하는 데에 초점을 맞춘 책들을 선택하면 아이에게 삶의 방향 감각을 일깨워 주고 특히 삶의 후반부에서 커다란 업적을 이루게 할 수 있다.

또한 아이에게 독서를 좋아하는 마음을 길러 줄 수 있다. 부모를 통해 책을 접한 아이들은 어른이 되어도 즐거움을 주고 정보를 주는 책을 더 많이 읽는 경향이 있다고 한다. 독서는 대중매체에서 쏟아지는 그다지 건전하지 않은 정보로부터 아이들을 멀어지게 하는 해독제 역할을 하기도 한다. 아이들은 탁월한 독서가가 될 뿐 아니라 훨씬 더 상상력이 풍부하고 미래에 대한 확고한 꿈을 가진 사람으로 자라난다.

책 읽기는 아이들의 학교생활을 성공적으로 이끌어 주기도 한다. 미국 독서추진위원회에서는 이 주제에 대해 심층적인 연구를 한 끝에 다음과 같은 결론을 내렸다. "부모가 아이들의 학교생활을 성공적으로 이끌어 줄 수 있는 가장 좋은 방법은 아이들에게 특히 유년기에 큰소리로 책을 읽어 주는 것이다." 아이가 학교에 다닐 때 아이를 공부하는 기계로 만드는 것이 아니라, 성적도 올리고 동시에 인성과 리더십을 겸비한 재목으로 키우려고 한다면 이 방법보다 효과적인 것은 많지 않다.[34]

이뿐 아니다. 책 읽기는 수많은 지식을 얻게 하는 가장 경제적인 놀이이자 생각을 조리 있게 전개하는 추론 능력을 향상시킨다. 대화에서의 감수성과 설득력을 강화시켜 주며 지혜와 영성을 길러 주는 등 우리가 원하는 것보다 더 많은 것을 가져다준다. 스트릭랜드 질리언은 '책 읽어 주는 어머니'라는 시의 마지막에서 이렇게 표현했다. "당신은 보석 상자와 금궤처럼 헤아릴 수 없이 많은 재산을 가졌을 수도 있습니다. 하지만 당신은 절대 저보다 부자일 수 없지요. 저에게는 책을 읽어 주는 어머니가 계시니까요." 책을 읽어 주는 것은 꿈과 미래를 보여 주는 것과 같다. 이어령 선생의 글을 보면 더 잘 나타나 있다.

"어머니는 내가 잠들기 전 늘 머리맡에서 책을 읽고 계셨고 어떤 책들은 소리 내어 읽어 주시기도 했다. 특히 감기에 걸려 신열이 높아지는 그런 시간에 어머니는 소설책을 읽어 주신다. 《암굴왕》, 《무쇠탈》, 《흑두권》 그리고 이름조차 기억할 수 없는 이야기들을 나는 아련한 한약 냄새 속에서 들었다.

(중략) 글을 쓰기 시작한 뒤에도 나에게는 언제나 어머니의 손에 들려 있던 책 한 권이 있다. 어머니의 목소리가 담긴 근원적인 그 책 한 권이 나를 따라다닌다. 그 환상의 책은 60년 동안에 수천수만의 책이 되었고 그 목소리는 나에게 수십 권의 글을 쓰게 하였다.

빈약할망정 내가 매일 퍼내 쓸 수 있는 상상력의 우물을 가지고 있다면, 그것은 오로지 어머니의 목소리로서의 책에서 비롯된 것이다. 어머니는 내 환상의 도서관이었으며, 최초의 시요 드라마였으며, 끝나지 않는 길고 긴 이야기책이었다."[35]

밤마다 잠자리에서 부모가 책을 읽어 주는 것은 아이에게 세상을 향한 꿈을 가지게 하는 탁월한 방법이다. 책을 읽어 주는 것은 어머니만 할 수 있는 일이 아니다. 어머니 대신 아버지가 아이들에게 책을 읽어 준다면 또한 좋을 것이다. 스트릭랜드 질리언의 시 '책 읽어 주는 어머니'를 살짝 바꿔 써 본다. 그 의미를 되새겨 보자.

"당신은 보석 상자와 금궤처럼
헤아릴 수 없이 많은 재산을 가졌을 수도 있습니다.
하지만 당신은 절대 저보다 부자일 수 없지요.
저에게는 꿈을 보여 주는 아빠가 있으니까요."

구루와
레전드를
직접 만나게 하라

토머스 에디슨이 발명왕이라는 것은 누구나 다 알고 있는 사실이다. 그러나 그가 세계 최고의 전기 제품 회사인 제너럴 일렉트릭의 설립자라는 사실을 기억하고 있는 사람은 의외로 많지 않다. 에디슨은 발명가이자 성공한 사업가였다. 그리고 그의 발명품들을 시장에 내놓고 사업으로 성공시킨 배후에는 에드윈 반스라는 공동 사업자가 있었다.

무일푼 백수 청년이던 반스가 에디슨과 공동 사업을 해야겠다는 꿈을 가졌을 때, 그의 마음은 주체할 수 없을 정도로 두근거렸다. 다른 것은 아예 보이지도 않았고 머릿속에는 오직 에디슨의 동업자가 되어 있는 모습밖에 없었다.

하지만 어떻게 해야 할지 막막하기만 했다. 특히 두 가지 크고 어려운 문제가 그의 앞을 가로막고 있었다. 그중 하나는 에디슨과 전혀 안면이 없을 뿐만 아니라 소개해 줄 사람도 없다는 것, 또 다른 하나는 에디슨의 발명 연구소가 있는 뉴저지까지 갈 기차표가 없다는 것이었다. 이런 상황이라면 사람들은 자신의 목표를 쉽게 포기해 버릴 것이다. 그러나 반스의 꿈은 그렇게 쉽사리 사그라지지 않았다. 그는 갖은 우여곡절을 겪으면서도 꿈을 포기하지 않았고 마침내 직접 에디슨을 만나게 되었다.

에디슨과의 첫 만남에서 반스는 다짜고짜 에디슨과 동업자가 되기 위해 일부러 이 먼 곳까지 찾아왔노라고 말했다. 그때 그의 몰골은 영락없는 거지행색이었지만 눈빛만은 굳은 결의로 빛나고 있었다. 에디슨은 그런 반스의 결단과 패기에 끌려 연구소에서 함께 일하도록 허락했다. 처음 반스는 연구소의 그저 평범한 임금 노동자에 지나지 않았다. 그러나 단 한 번도 자신의 일이 따분하다고 생각하지 않았고 항상 에디슨의 동업자가 되고 말겠다는 다짐을 거듭했다. 그런 마음가짐은 그의 용모에도 영향을 미쳤다. 정말 에디슨의 공동 경영자로서의 이미지가 얼굴에 나타나기 시작한 것이다.

그러던 중 에디슨이 신제품 녹음기를 완성했다. 연구소의 다른 세일즈맨들은 이 신제품에 대해 별로 관심을 보이지 않았다. 그러나 반스는 에디슨을 찾아가 녹음기 판매를 맡게 해 달라고 간청했고 허락도 받았다. 결과는 대성공. 녹음기는 날개 돋친 듯 팔려 나갔다. 나중에는 얼마나 팔았는지 알 수 없을 지경이었다. 반스는 많은 돈을 벌었고 마침내 에디슨의 공동 사업자가 될 수 있었다.[36]

1920년 벨기에 안트워프에서 열린 올림픽 100미터 달리기에서 미국 육상 선수 찰리 패덕은 10.8초라는 세계 신기록으로 금메달을 목에 걸었다. 이 성공으로 그는 자신의 모교인 클리블랜드의 한 중학교에서 강연을 하게 되었다.

"친애하는 후배 여러분. 나는 여러분과 같은 어린 시절부터 사람들이 입만 벌리면 꿈의 무대, 꿈의 무대라고 말하는 올림픽 무대를 꿈꿨습니다. 금메달을 목에 걸 수만 있다면 나의 이름이 온 세계에 다 알려지는 것은 물론 우리의 모교 클리블랜드 중학교의 이름이 전 세계에 다 알려질 것이며, 더 크게는 우리의 조국 미국의 명예가 세계 모든 곳에 높이높이 올라갈 수 있으리라는 꿈을 간직하고 살았습니다. 나는 그 꿈을 이루기 위해서 엄청난 열정을 다 쏟아부었습니다. 그랬더니 여러분이 보시는 것처럼 이렇게 금메달을 목에 걸었고 유명한 사람이 되어서 이런 강의도 하게 되었습니다."

자기소개를 마친 그가 갑자기 목소리를 높였다.

"그런데 바로 지금 이 순간 내 말을 듣고 있는 여러분 중 누군가가 전에 내가 꾼 꿈, 즉 올림픽에서 금메달을 따는 꿈을 가진다면 그리고 그만큼의 열정을 또 쏟아붓는다면 그가 나와 똑같은 금메달리스트가 되지 말란 법이 어디 있겠습니까?"라고 말했다.

강연을 마친 찰리 패덕에게 한 소년이 달려와 "선생님, 제가 지금부터 선생님이 가졌던 올림픽 100미터 달리기 금메달리스트가 되는 꿈을 품는다면, 저도 선생님처럼 꿈을 이룰 수 있을까요?" 하고 물었다. 찰리 패덕이 소년의 어깨를 두드려 주고 악수하면서 격려했다.

"물론이다. 얘야, 너는 할 수 있다. 이렇게 달려와서 나에게 말을 걸 만큼 용기가 있다면 너는 분명히 해내고 말 사람이다."

그 소년은 1936년 베를린 올림픽 100미터 달리기 종목에서 찰리 패덕의 기록을 0.5초 단축하며 세계 신기록을 갱신하고 200미터, 400미터 계주, 넓이뛰기 등 육상 부문 4관왕을 거머쥐었다. 미국의 영웅이자 전설이된 제시 오웬즈였다. 제시 오웬즈가 고향에 돌아와 또다시 같은 학교 같은 강당에서 강의를 했다. 그가 강의를 마치고 나올 때 또 다른 한 소년이 오웬즈에게 다가와 "아저씨, 저도 아저씨가 이룬 꿈을 이루고 싶어요. 제가 감히 그런 꿈을 품어도 될까요?"라고 물었다. 제시 오웬즈는 자신이 찰리 패덕을 만났을 때를 회상하며 대답했다.

"물론이다. 그렇게 해라. 그 꿈을 위해 네게 있는 모든 열정을 아낌없이 쏟아붓는다면 너도 올림픽 금메달리스트가 될 수 있단다."

결국 그 소년 해리슨 딜라드 역시 1948년 런던 올림픽에서 금메달을 목에 걸었다.[37]

육상 선수들뿐만이 아니다. 미국 42대 대통령 빌 클린턴은 고등학교 3학년 때 35대 대통령 존 에프 케네디와 악수를 한 덕분에 대통령이 될 수 있었다고 말한 바 있다. 바로 그 1년 전에는 같은 고등학교 3학년이었던 반기문이 케네디를 만나고 외교관이 되기로 결심했었다.

작가가 되기 위해선 작가를 만나 보고 1인자가 되기 위해선 1인자에게 직접 배워야 한다. 마찬가지로 꿈을 이루기 위해선 이미 꿈을 이룬 사람과 만나야 한다. 자녀들로 하여금 꿈을 이룬 사람들을 만나서 대화하고 악수도 해 보고 사진도 남기게 하라. 자녀들에게 밝은 빛이 보이고 길이 열릴 수 있다. 꿈을 키워 주고 싶다면 구루와 레전드를 직접 대면하게 해 주어라.

세상 밖
100개의 우물을
경험하게 하라

만약 헤르만 헤세가 인도를 여행하지 않았어도 그가 노벨 문학상을 받을 수 있었을까? 동화 작가 안데르센이 이탈리아를 여행하지 않았다면 그가 1833년에 창작한 《즉흥시인》이 독일에서 호평을 받고 유럽 전체에 명성을 떨칠 수 있었을까? 영화감독 스티븐 스필버그가 어린 시절 아버지와 함께 여행을 떠나 사막에서 떨어지는 유성우를 목격하지 않았다면 그의 멋진 작품을 볼 수 없었을지도 모른다.

시어도어 루스벨트 제26대 미국 대통령의 아버지는 아마존 밀림에 어린 루스벨트를 데려가 자연에 대한 경외감을 심어 줬다. 노벨상 창시자 알프레드 노벨의 아버지는 아들이 어느 정도 성장하자 세계 여행을 다녀오게 했다. 세상을 많이 보고 듣고 직접 부딪쳐 보고 다른 나라는 어떤 과학과 기술을 가지고 있는지 배워 오라고 말했다.

스탠더드 오일을 설립한 석유 재벌 록펠러는 자녀들과 외국을 여행하는 것을 아주 중요한 규칙으로 삼았다. 그는 아이들이 세계 각지를 두루 돌아다니는 것이 자기를 알고 세상을 알고 스스로 갈 길이 무엇인지를 알게 하는 데 매우 큰 영향을 준다고 믿었다. 그는 아이들이 어릴 때부터 부모와 가정 교사를 따라 유럽과 아프리카를 여행하도록 했다. 그 결과 아이들은 균형 잡힌 인격과 확고한 목표를 가진 인물로 성장했다.

고대 로마의 지식층은 여행이 교육적이란 것을 알고 있었고 18~19세기의 영국 귀족들도 그렇게 생각했다. 그들은 아이들을 외국에 보내 1~2년간 여행하도록 장려했다. 교육의 마지막 단계로 행해진 이 여행을 'Grand Tour(유럽 대륙 순회 여행)'로 불렀다. 젊은이들은 어학 실력을 향상시키는 것은 물론 유럽 대륙의 문화를 흡수한 다음 성숙한 인간으로 돌아왔다.

인도의 시성 타고르의 아버지는 인도 종교 경전과 서양 철학 서적 연구에 몰두하는 것과 여행을 좋아했다. 아버지는 타고르가 열두 살이 되었을 때 성인식을 치러 준 후, 그에게 히말라야 산으로 함께 여행 가는 것이 어떻겠냐고 물었다. 타고르는 흔쾌히 승낙하며 아버지를 따라나섰다. 그곳은 넓은 벌판이 광활하게 펼쳐지며 계곡과 오묘한 조화를 이루고 있었다. 그 모습은 마치 진한 색으로 그려진 한 폭의 유화 같았다. 그들은 히말라야 산으로 가는 도중에 신과 인간의 우애를 강조하는 브라만 신자들도 만나고 시크교인의 찬양 노래도 배웠다. 그는 아버지와 함께 이런 경험을 쌓으면서 정서가 풍부해졌고 사람과 교류하는 방법을 터득

했다. 즉 인간과 자연의 관계, 인간과 사회의 관계를 사고하는 법을 배운 것이다. 이는 훗날 그가 사회 활동가로 일하는 데 튼튼한 기반이 되었다.

사람은 누구나 편리함과 익숙함에 길들여지면 가능한 한 불편함을 외면한다. 그러나 불편함은 인류 문명의 발전과 진화를 만들어 낸 필수 조건이다. 불편함의 의미를 새롭게 해석할 필요가 있다. 여행 역시 이러한 불편함과 낯섦에서 출발한다.

건축가 슈사쿠 아라카와 매들린 진스 부부가 도쿄에 지은 '운명을 거역하는 집'과 뉴욕 이스트햄프턴에 지은 '생명연장의 집'은 바로 불편함에 관한 역설이다. 경사지고 울퉁불퉁한 바닥, 예상치 못한 방식의 벽, 중간중간 불규칙하게 놓인 기둥을 피하려면 하루하루가 긴장의 연속이다. 집 안의 불편함과 복잡함은 모두 건강과 장수를 위한 장치로, 익숙함과 편리함을 버리고 낯섦을 마주하게 함으로써 우리 몸을 역동적으로 만든다는 아이디어가 담겨 있다.

낯섦을 마주하는 여행은 책이나 말로 하는 것과는 전혀 다른 차원의 교육이다. 여행이란 기본적으로 편리함과 익숙함에 길들여진 삶을 낯설게 함으로써 새로운 장소, 사람, 방법으로부터 다양성의 근육을 강화하는 프로그램이다. 낯섦이 클수록 더 많은 것을 보고 듣고 배울 수 있는 기회가 된다. 물론 사회적 안전 시스템에 대한 우려가 있지만 자기를 보호하는 것은 결국 자기 몫이 된다는 측면에서 낯선 곳으로의 여행도 스스로를 보호하는 실제 경험의 축적이다. 낯섦을 위한 여행이야말로 공부 중의 공부다.

이 여행은 자기밖에 모르던 우물 안의 개구리에게 세상의 참모습을 보게 해 준다. 여행은 같은 문제를 놓고 여러 각도로 살펴보는 습관을 길러 준다. 세상에 로마로 가는 길이 얼마나 많은지를 실제로 터득할 수 있게 된다. 더 많은 나라와 도시를 여행할수록 더 폭넓은 시야로 사물을 바라보게 된다. 남의 모습에서 나를 알아 가는 훈련이 쌓인다. 세상에 무엇이 문제인지 자신은 그런 세상에서 어떤 존재인지 어디로 가야 하는지를 깊이 생각해 볼 수 있게 한다.

문제는 돈이다. 그러나 한 세대 전과 비교해도 상황이 많이 바뀌었다. 쓸 만한 저비용 그룹 투어도 많다. 돈보다 중요한 것이 바로 의식이다. 자녀들에게 꿈을 보여 주기 위해 그들이 대학에 들어가기 전에 10개국 100개의 도시를 여행시키자. 자기밖에 모르던 개구리도 우물 밖으로 나와 100개가 넘는 우물을 구경하다 보면 생각이 달라질 수밖에 없다. 아니 그땐 이미 개구리가 아니다.

아이는 아이가
읽은 것으로
만들어진다

미국 시카고대학은 노벨상 수상자를 가장 많이 배출한 대학으로 유명하다. 이 대학은 1886년에 설립되었으나 재정난으로 폐쇄되었다가 1892년 석유 재벌 록펠러가 다시 설립한 사립 대학이다. 약 40년 동안 소문난 삼류 대학이었다. 그런데 1929년 시카고대학의 제5대 총장으로 취임한 로버트 허친스는 '시카고 플랜'을 시행했다. 시카고 플랜은 세계의 위대한 고전 100권을 줄줄 외울 정도로 충실히 읽지 않으면 절대 졸업을 할 수 없다는 것이다. 시카고 플랜이 도입되자 학생들은 어쩔 수 없이 100권의 고전을 읽어야만 했다. 그러는 동안 자신들도 모르게 의식 세계에 혁명적인 변화가 일어나기 시작했다. 결과적으로 시카고 플랜이 처음 도입된 1929년부터 2000년까지의 졸업생들이 받은 노벨상만 73개에 이른다.

　　중국의 명문 칭화대도 이공대지만 시카고 플랜을 벤치마킹한 것으로 유명하다. 이 대학은 학생들에게 중국 고전 70권과 서양 고전 30권을 읽게 한다. 중국의 후진타오 전 국가 주석도 이 대학 출신으로 수많은 이공계 인재와 정치 지도자들을 배출하고 있다. 지금은 세계의 여러 초·중등학교 및 대학교에서 시카고 플랜이 시행되고 있다.

　　미국 디트로이트의 빈민가에 사는 5학년 벤은 모든 시험에서 영점을 받는 부진아였다. 그는 학교에서 돌아오면 아무도 없는 집에서 온종일 텔레비전만 보고 한 번도 학교 숙제를 해 간 적이 없었다. 벤의 어머니는 아버지에게 버림받고 어려운 살림을 꾸리기 위해 밤낮으로 일을 다녀야 했기 때문에 벤을 돌볼 시간이 없었다.

　　이런 문제아 벤을 보다 못한 어머니가 말했다. "텔레비전은 하루 두 프로그램씩만 보고, 도서관에 가서 일주일에 두 권씩 책을 읽고 그 내용을 요약해서 가져오렴. 시키는 대로 하지 않으면 아주 무서운 벌을 받게 될 거야." 하고 경고했다. 그러자 벤은 혼나지 않기 위해 할 수 없이 매일 시키는 대로 했다.

　　그렇게 6학년 후반기에 이르렀을 때였다. 어느 날 과학 선생님이 수업 시간에 돌덩어리를 하나 집어 들고는 무엇인지 아느냐고 반 학생들에게 물었다. 대답하는 사람이 아무도 없었다. 공부 잘한다고 뽐내던 아이들까지도 묵묵부답이었다. 벤은 그 돌이 무엇인지 알고 있었다. 도서관에서 읽은 사진 책에서 분명히 본 돌이었기 때문이다. 그는 손을 번쩍 들어 "흑요석(黑曜石)이요."라고 외쳤다. 말썽만 피우던 벤이 수업 시간에 손을

든 것만 해도 놀라운데 정답까지 말하자 선생님은 물론 반 친구들은 모두 깜짝 놀랐다. 그것이 운명의 갈림길이었다. 그날부터 벤은 아무도 대답하지 못하는 문제에 대한 답을 찾아 가는 재미에 흠뻑 빠졌다. 텔레비전도 보지 않고 아이들과 어울려 놀지도 않고, 오직 도서관에서만 시간을 보냈다. 반에서 무슨 새롭고 어려운 과제만 생기면 벤이 해결사 역할을 했다. 반 친구들은 문제를 풀다가 안 되면 곧잘 벤에게 가져왔다. 그 후 그는 7학년 때부터 1등을 놓치지 않게 되었고 장학생으로 예일대학교까지 입학하게 되었다. 그가 바로 벤자민 카슨 박사다. 그는 1997년 남아프리카 공화국의 메둔사병원에서 잠비아의 샴쌍둥이 조셉과 루카 반다를 분리하는 수술에 성공해 세계적인 반향을 일으켰다.

하시모토 류타로는 제84대 일본 총리를 지낸 정치가다. 그는 12선 국회 의원이며 4개 부처의 장관을 역임하기도 했다. 그는 총리로 있으며 행정 개혁과 경제 구조 개혁을 추진하여 국민들의 호응과 사랑을 받았다. 그가 정치인으로서 50년 동안이나 일본인들의 지지를 받을 수 있었던 것은 아주 탁월한 독서 지도사, 그의 아버지가 있었기 때문이다.

아버지 하시모토 류고는 아들이 학교에서 배우는 교과서 외에 다른 책도 많이 읽도록 적극적으로 장려했다. 저녁 식사가 끝나면 가족이 모두 모여 책을 읽는 시간을 가졌다. 각자 읽는 책의 내용은 달랐지만 독서 습관은 똑같았다. 류고는 아들에게도 자주 어린이 책을 사 줬다. 하지만 그는 아들에게 책 읽는 방법을 시시콜콜 알려 주지 않았다. 그저 자신이 솔선수범해서 아들도 자연스럽게 책을 읽도록 했을 뿐이다.

덕분에 아들 류타로는 어릴 때부터 책 읽는 것을 좋아했다. 특히 류고는 아들에게 "학교에서 배우는 교과서 외에 다른 책도 많이 읽어라."라고 자주 말했다. 독서는 학교 공부에 보충제와 촉진제 역할을 했고 점차 류타로의 가장 큰 취미가 되었다. 어린 시절의 하시모토 총리를 잘 아는 사람들의 말에 의하면 그는 학창 시절에 성적은 중간 정도였지만 유명한 책벌레였다고 한다.

그는 아무리 바빠도 한 달에 열 권에서 열다섯 권 정도는 읽었다고 한다. 1년에 보통 120권에서 180권의 책을 읽었다는 뜻이다. 그렇게 어린이, 청소년 시절 7년에서 10년 동안 읽었다면 아무리 적게 잡아도 고등학교 졸업 전에 최소한 천 권은 넘게 읽었다는 계산이 된다.

만화가 되었든 동화, 소설 아니면 그 무엇이 되었든지 천 권이 넘는 책을 읽었다면 천 명이 넘는 등장인물과 그 캐릭터를 만나 보았다는 말이다. 그 온갖 나라와 도시의 이야기를 들어 보았다는 것이고 행복과 불행에 관한 스토리에 흥분하고 감동하고 분노도 해 보았다는 말이다. 무엇이 옳고 무엇이 그르다는 판단도 해 보았을 것이다. 결국 자기 자신은 어디에 서 있고 지금 어디로 가야 하는 것인지도 넉넉히 가늠할 수 있게 되었을 터. 그는 이미 대학에 들어가기 전부터 자기 삶의 최종 도착 지점이 어디쯤인지 언제쯤 그곳에 도착하리란 것을 짐작했을 것이다.

그의 아버지는 그에게 책을 집어 들게 한 것이 아니고 세상을 집어 들게 한 것이다. 책을 읽게 한 것이 아니고 세상을 읽고 자신을 읽게 한 것이다. 즉 꿈을 보여 준 것이다. 그 결과로 아들은 일본의 총리가 되었으며 탁월한 업적을 남긴 총리로 평가받고 있다.[38]

에디슨은 15세에 자신의 고향인 디트로이트 시의 도서관에 있는 책을 모두 읽었다고 한다. 그것도 부족해서 백과사전을 사서 모조리 다 읽었다고 한다. 두보의 시에 나오는 남아수독오거서(男兒須讀五車書), 즉 '남자는 모름지기 다섯 수레의 책을 읽어야 한다'는 말처럼 책은 많이 읽을수록 좋다. 어린이 또는 청소년들의 지식이 제대로 위력을 발휘하기 시작하는 때는 초등학교부터 고등학교 전까지 읽은 책이 천 권을 넘는 순간이다. 만약 고등학교 입학 전에 이미 천 권을 넘게 읽었다면 아마 그때부터는 입시나 사교육 걱정은 불필요하다. 지켜보며 격려만 해도 부모의 할 일은 다하는 것이다. 실제로 천 권은 많은 분량이 아니다. 초등학교 아이들은 하루에도 동화책을 두 권, 세 권 읽는다. 만화책은 스무 권도 넘게 읽는다.

물론 숫자를 채우는 것보다 한 권 한 권 제대로 읽는 것이 중요하다. 어떤 책을 어떻게 읽을 것인가, 책을 읽는 방법을 터득할 수 있도록 도와야 한다. 독일의 유명한 문호 마틴 빌저의 말처럼 우리는 우리가 읽는 것으로 만들어진다. 당신의 자녀 역시 그들이 읽는 책으로 만들어진다. 좋은 책을 천 권 이상 읽게 하자. 책 덕분에 지식과 지혜가 동시에 쌓여 세상을 바라보는 시야가 넓어질 것이다.

글자 없는 책
'삶의 현장'이
진짜 학교다

"애야, 네가 지금 몇 학년이지?"

"4학년인데요."

"4학년이라… 그래, 그럼 됐다. 그만하면 공부는 할 만큼 했으니 이제부터는 돈을 버는 게 좋겠다."

"돈을 어디 가서 어떻게 벌지요? 저는 아무것도 모르는데요."

"무엇이든 다 알고 시작할 수 있는 게 아니다. 일을 하면서 배우면 되는 거다. 내가 아는 곳으로 보내 줄 테니 너는 가서 열심히 일하면서 돈을 벌어야 한다. 그래야 우리 집이 다시 일어설 수 있단다. 알겠느냐?"

소년은 아버지가 적어 준 주소를 들고 오사카라는 도시로 갔다. 그리고 미야타 화로 상점에서 일을 시작했다. 아침에 일어나면 상점 청소부터 했다. 비록 작은 가게였지만 화로를 잔뜩 쌓아 놓고 있어서 가게 안은

늘 너저분했다. 청소는 해도 해도 끝이 없었다. 청소가 끝나면 개울에 가서 물을 길어 왔다. 아홉 살짜리 소년에게 그것은 매우 힘든 일이었다. 물 긷는 일이 끝나면 아침밥을 먹었다. 밥은 무밥에 반찬은 짠지 몇 조각이 전부였다.

아침 식사가 끝나면 주인 댁 아기를 업고 재운다. 아기가 잠이 들면 화로 닦는 일을 했다. 나무 화로, 무쇠 화로, 질화로 등을 걸레로 닦고 약을 칠해 광을 내었다. 걸레질은 하루 종일 계속되었다. 소년의 손바닥과 살갗에 상처가 나기 시작했다.

그렇게 한 달 내내 일하면 요즘 가치로 약 3만 원 정도를 벌었다. 소년은 그 돈을 몽땅 고향으로 보내야 했다. 너무 힘들고 외로웠다. 밤마다 이불 속에서 흐느껴 울었다. 그런 생활이 3년 동안 계속되었다. 아홉 살밖에 안 된 나이에 세상의 쓴맛을 톡톡히 본 것이다.

열한 살이 되었을 때 소년이 아버지에게 말했다.

"저는 그동안 일도 많이 하고 돈도 조금 벌었으니 이제부터는 학교에 가서 공부를 더 하면 안 될까요?"

아버지는 입버릇처럼 말했다.

"훌륭한 사람들은 다 어렸을 때부터 다른 집에 가서 일을 배웠다. 힘든 일을 해 봐야 훌륭한 사람이 되는 거다. 그러니까 너는 참을성 있게 끝까지 일을 해야 한다."

그러자 어머니가 거들었다.

"그럼 낮에는 일을 하고 밤에는 근처 학교에서 공부하면 어떨까요?"

그러나 아버지는 아주 냉정하게 잘라 말했다.

"안 돼. 계속 그 가게에서 일을 배워서 우리 집안을 일으켜야 한다."

얼마 후 소년의 아버지는 병으로 죽었다. 소년은 아버지의 말을 교훈으로 삼고 더욱 근면성과 인내심을 발휘했다. 소년이 그다음으로 취직한 곳은 카센터였다. 카센터는 대도시라 불리는 오사카에서도 손꼽히는 번화가에 있어서 손만 뻗으면 언제든지 사업 기회를 잡을 수 있었다. 이곳에서 보고 듣고 배우며 소년의 마음속에는 사업을 향한 욕망이 스멀스멀 피어올랐다. 비록 피곤에 지쳐 녹초가 되거나 카센터 사장에게 야단을 맞을지라도, 그는 조금도 힘들어하지 않았고 오히려 매일 즐겁게 일했다. 여기서 기술을 조금이라도 더 배워서 아버지의 기대에 부응하고 싶었던 것이다.

소년은 열여섯 살에 오사카 전등 회사에 입사해 공원과 검사원으로서 일했다. 22세에는 자기 소유의 전기 회사를 차려 전구를 2개 끼울 수 있는 쌍소켓 등을 개발해 크게 히트쳤다. 스물네 살에는 '마쓰시타 전기기구제작소'를 창업했고 이는 후일 '내셔널'과 '파나소닉' 브랜드가 되었다.

소년의 아버지 마쓰시타 마사쿠스는 쌀가게 주인으로 넉넉한 삶을 살다가 쌀 투기에 실패하는 바람에 집과 논밭까지 모두 날렸던 과거가 있다. 그때가 마쓰시타 고노스케가 여섯 살 때였다. 그는 수많은 실패와 좌절을 겪고 자신의 아들만은 삶의 현실이 얼마나 각박하고 냉엄한 것인지 알기 바랐다. 마음은 아프지만 일부러 아들이 힘든 시간을 보내게 했던 것이다. 그의 선택이 아버지로서 반드시 좋은 선택이라고 볼 수는 없다.

당시 형편 때문에 어쩔 수 없는 선택인 측면도 강하다. 그러나 결과적으로는 아들에게 꿈과 현실 사이의 거리가 얼마나 먼 것인지를 삶의 현장에서 보고 느끼게 했다. 냉혹한 현실을 보여 주며 현실을 극복하는 힘을 기를 수 있게 했다. 삶의 현장을 보는 것은 비전을 발견할 수 있는 아주 효과적인 방법이다. 다음은 마쓰시타 고노스케의 말이다.

"하느님은 내게 세 가지 은혜를 주셨다. 첫째, 가난했기에 어릴 때부터 많은 경험을 쌓을 수 있었고, 둘째, 몸이 약했기에 늘 운동에 힘써 건강할 수 있었고, 셋째, 초등학교도 졸업하지 못했기에 세상 사람들을 모두 나의 스승으로 여기고 언제나 배우는 자세를 가질 수 있었다."[39]

러시아 작가 막심 고리키는 《나의 대학》이라는 책을 썼지만 실제로 그가 학교에 다닌 것은 몇 달뿐이었다. 그가 말한 대학이란 삶의 현장, 즉 '사회'라는 이름의 대학이었다. 그는 사회에서 고난받으며 요리사, 품팔이 등을 전전했다. 온갖 역경에 온몸으로 부딪혔다. 그 쓰라린 경험과 체험의 현장 속에서 수많은 지식과 지혜를 얻었다. 볼가강 부두의 짐꾼에게서 노동의 의미를 배웠고, 떠돌아다녀야 하는 정치범에게서 정신적인 영감을 얻었으며, 제빵사에게서 귀중한 인생철학을 배웠다. 그가 '삶의 현장'이라는 대학에서 얻은 것들은 훗날 그의 주옥같은 창작물의 원천이 되었다.

일상의 모든 경험이 우리의 스승이자 배움의 대상이다. 우리는 우리의 삶의 모든 부분에서 배울 수 있다. 우리에게 지혜를 주는 것은 특정

한 책이나 위대한 인물로 한정되는 것이 아니다. '인생이란 글자 없는 책'
이라던 대문호 루쉰의 말처럼, 자녀들이 참된 꿈을 품게 하기 위해 '삶의
현장'인 글자 없는 책을 읽게 하자.

지옥 캠프로
마음의 근육을
단련시켜라

최근 청소년들을 대상으로 하는 많은 캠프가 등장하고 있다. 그중 유명한 것은 미국의 '로빈슨의 집중 레슬링 캠프'라는 지옥 훈련 캠프다. 이 캠프가 얼마나 혹독한 곳인지는 캠프를 마친 수료생들이 기념품으로 받는 검정 티셔츠를 보면 알 수 있다. 그 '공포의 검정 티셔츠'는 추락한 천사들에게 하늘의 비밀을 누설하지 않도록 입을 막는 수단, 침묵 서약의 징표로 사용되던 것이다. 캠프에서 있었던 일을 아무에게도 발설하지 말라는 강력한 경고의 메시지가 담겨 있다고 한다.

매번 캠프가 열릴 때마다 중도 탈락자나 부상자가 25~50퍼센트에 이른다. 물론 중간에 탈락해도 비싼 참가비는 돌려주지 않는다. 참가자들은 처음엔 도살장에 끌려온 소처럼 아주 부정적인 마음으로 캠프를 시작하지만, 캠프가 중반을 넘어 마지막을 향해 갈 때쯤이면 이 모든 과정이 무엇을 위한 것인지 분명히 알게 된다.

캠프 참가자들은 매일 새벽 6시에 일어난다. 아침에는 두 팀으로 나뉘어 역기 운동을 하거나 달리기를 한다. 둘 다 아주 힘든 과정이지만 그나마 역기 운동을 하게 된 참가자들은 안도의 한숨을 쉰다. 아침 달리기 시간은 단순히 뛰기만 하는 게 아니기 때문이다. 달리기는 '친구 옮기기'라고 불리는 전력 질주다. 조교는 참가자들을 캠프에서 5킬로미터 정도 떨어진 시골길로 데려간다. 조교가 신호를 하면 참가자들은 자기 파트너를 등에 업고 순위에 뒤쳐지지 않도록 있는 힘을 다해 뛴다. 2.5킬로미터 정도 뛴 다음 이번에는 업혀 왔던 파트너가 뛰어온 파트너를 업고 다시 전력 질주로 나머지 2.5킬로미터를 달린다. 상상해 보라. 누군가를 업고는 채 100미터를 뛰기도 힘든데 2.5킬로미터라니. 이 과정을 마치고 나면 거의 '초죽음' 상태가 되고 만다. 아침 달리기는 한 시간 반 안에 끝내야 한다. 그 후 샤워하고 아침을 먹고 잠깐 눈을 붙인 뒤 기술 훈련에 돌입한다. 다행히 기술 훈련은 학교에서도 하는 비교적 쉬운 활동이다.

오후가 되면 2시간짜리 실전 레슬링 시간이 기다리고 있다. 하루하루 지긋지긋하고 고통스러운 캠프 일정은 두려움의 연속이다. 머릿속에는 이 캠프가 절대 끝나지 않을 것 같은 지독한 공포가 파고든다. 그러나 어느덧 시간이 흘러 하루의 훈련이 끝나고 샤워하고 저녁을 먹고 잠자리에 든다. 캠프의 훈련 일정도 '빨간 깃발'이 있는 마지막을 향해 흘러간다.

'빨간 깃발'의 날. 이 말은 로빈슨 캠프 내에서 엄청난 호기심과 공포를 동시에 자극하는 말이다. 이날에 대한 소문은 대개 두 번째 날 이후부터 캠프를 떠돌아다닌다. 마지막 날이 다가오면 참가자들 마음속에

극도의 두려움이 가득 찬다. 빨간 깃발을 내걸고 시작하는 1시간 40분 짜리 논스톱 레슬링 때문이다. 쉬는 시간도 숨을 돌릴 작전 타임도 없다. 매일의 고난도 훈련이 '어려운' 것이라면 빨간 깃발의 날은 '불가능한' 것을 해내야 하는 시간이다. 뼈가 부러지거나 머리가 깨지는 부상자도 속출한다.

대부분의 참가자들은 잘 해낸다. 지독하리만큼 고통스러운 빨간 깃발의 시간을. 신기한 것은 집으로 돌아가기 전 모든 참가자들이 자발적으로 다시 한 번 빨간 깃발을 꽂고 지옥 같은 시간을 되풀이한다는 것. 단 이번에는 누가 시켜서 하는 것이 아니고 자신들이 해냈다는 것을 축하하기 위한 자리다.

이 캠프를 수료하려면 총점 500점을 받아야 한다. 모든 참가자들은 처음에 800점을 받고 시작한다. 방 청소를 게을리하거나 규율을 어기거나 연습 시간에 열심히 하지 않으면 점수가 깎인다. 매 연습 때마다 −2점에서 +1점까지 받을 수 있다. +1점을 받기란 하늘의 별따기 만큼이나 어렵다.

캠프의 피날레는 32킬로미터 달리기다. 하프 마라톤 코스를 넘는 거리지만 상상할 수 없을 만큼 쉽다. 이 달리기가 끝나면 집으로 돌아갈 수 있기에 모두 기쁜 마음으로 임한다.

캠프를 중도에 포기하지 않고 끝까지 해냈다는 사실은 모든 수료생들의 인생에서 최대의 사건으로 기록된다. 참가자들은 캠프를 통해 인생의 새로운 맛을 터득한다. 육체적으로뿐만 아니라 정신적으로도 지칠 대

로 지쳐 그 자리에서 쓰러지고 싶을 때마다 "당장 일어나서 달려! 이놈들
아!" 하는 조교들의 고함 소리를 듣고 힘을 낸다. 삶의 여정에서 어떠한
어려움이 닥쳐오더라도 기필코 극복해 낼 것이라는 신념이 수료생들의
가슴속에 가득 찬다.[40]

부모는 자녀들이 크고 원대한 꿈을 갖기를 원한다. 자녀들 역시 멋진
꿈을 갖고자 노력한다. 그러나 몸과 마음이 허약하여 "내가 이런 꿈을 가
져 봐야 그냥 꿈으로만 끝나는 것 아닐까?" 하고 마음속에서 주저앉는 아
이들이 너무 많다. 패기, 자신감의 부족이다. 많은 부모들이 어려움을 극
복하는 정신을 길러 주는 훈련 대신, 새벽 2~3시까지 학원이나 독서실
이나 컴퓨터 앞에 앉아 있게 함으로써 작은 어려움에도 쉽게 굴복하는 습
관을 몸에 배게 한다. 결국 나약해진 정신 때문에 신병 교육대에서 기본
적인 훈련 과정도 이겨 내지 못하고 자살하는 사례까지 나오고 있다.

마음의 근육이 강인해야 어떤 어려움도 이겨 낼 수 있는 것이고, 버거
워 보이는 미래에도 당당하게 도전할 수 있다. 지옥 캠프는 바로 그런 배
짱, 패기를 강화시키는 효과적인 방법이다.

꿈을 찾아 떠나는 2박 3일의 미래 여행

아직 잠이 덜 깼는지 여전히 졸면서 걷는 아들 바위의 손을 이끌고 지숙이 집합 장소에 도착한 것은 오전 7시 45분이었다. 이미 버스 두 대가 시동을 걸어 놓은 채 기다리고 있었다. 한 대는 학생들, 다른 한 대는 학부모가 탈 버스였다. 지숙은 바위를 버스에 태우고 뒤쪽 학부모 버스로 갔다.

바위가 버스에 오르자 이미 여기저기 학생들이 타고 있었다. 바위가 안내받은 자리 옆에는 고등학생으로 보이는 여학생이 책을 보며 앉아 있었다. 학생들은 모두 얼떨떨하고 어색한 모습이었다. 바위는 옆자리를 흘끗 보고는 이내 눈을 감아 버렸다. 개학도 얼마 안 남고 모처럼 구정 연휴와 주말이 이어지는 터라 신 나게 게임이나 하려고 했는데, 아버지 때문에 할 수 없이 와서 이번 여행이 도무지 마음에 들지 않았다.

버스에서 내리자 바위를 비롯한 남학생들은 '남자비저너리' 방으로 안내받았다. 20명이 잘 수 있는 침대 방이었는데 바닥은 따끈따끈하고 공기는 훈훈했다. 스태프의 지시에 따라 짐 정리를 마치고 모두 'ad 2020년'이라는 명패가 붙은 강당으로 갔다. 강당 뒤쪽에는 부모님들이 앉아서 기다리고 있었고 남학생들이 모두 앉자 여학생들이 들어왔고, 무대 앞쪽의 불이 켜지며 강의가 시작되었다.

강의는 12시 15분이 되어서야 끝났다. 바위는 안내에 따라 식당으로 향했다. 줄을 서서 배식을 받은 뒤 어디 앉을까 두리번거렸다. 멀리서 지숙이 손짓으로 부르는 모습이 보였다. 함께 점심을 먹고 식당 한쪽에 준비된 따뜻한 커피와 음료를 마셨다.

"엄마. 추운데 어딜 나가?"

"맑은 공기를 좀 마셔야 오후에 안 졸지. 너 오전 강의는 어땠니?"

"글쎄… 뭐, 생각보다 재미있는 것 같기는 한데 잘 모르겠어."

"그래. 엄마도 아직 잘 모르겠더라. 그래도 바위랑 함께 오길 잘한 것 같아. 학교 공부도 중요하지만 이런 기회를 통해서 바위가 좀 성숙해지길 바래. 너도 이제 고등학생이라 다 큰 거라며?"

"에이, 엄마는 괜히 부담 주고 그래."

새벽부터 깨워서 억지로 데려온 것이 미안했다. 지숙은 바위에게 부드럽게 이런저런 얘기를 꺼냈다. 다행히 바위도 마냥 싫지만은 않은 기색이다.

시간이 되어 강당으로 들어가려는데 문 앞에 안내문이 붙어 있었다. 오후 강의는 아이들 따로 부모님 따로 진행되었다.

"오후에 학생들은 21세기에 관한 강의를 듣게 됩니다. 부모님들께는 아침에 말씀드렸던 비전이라는 것을 어떻게 자녀들에게 심어 주고 키워 줄 것인가에 관해 강의합니다."

강의 시간 90분이 아주 금방 지나가 버렸다. 지숙은 열심히 메모하며 강의를 들은 탓에 점점 피곤함이 몰려왔다. 한편 바위는 어머니에게는 씩씩하게 말했지만, 사실 아직까지도 뭐가 뭔지 잘 몰랐다. 맨 앞에 앉는 것은 왠지 부담스러워서 왼쪽 구석에 자리를 잡았다. 잠시 후 아침에 강의를 했던 교수님이 앞으로 나왔다.

"여러분, 점심 맛있게 먹었나요? 아직 다들 내가 왜 여기 왔나 하는 불만이 마음에 조금씩 남아 있는 것 같군요."

'찔려라. 어떻게 알았지? 그런데 나만 그런 건 아닌 모양이군.'

"부모님들은 옆방에서 강의를 잘 듣고 있으니까 너무 걱정 마세요. 부모님들도 이제 다 커서 알아서들 합니다."

하하하. 여기저기서 웃음소리가 터져 나왔다.

"아침에 여러분에게 강의를 통해서 비전이란 무엇이고, 그것을 달성하기 위해서 우리는 어떤 노력을 해야 하는지 간단히 말씀드렸습니다. 여러분은 다가올 미래의 주인공입니다. 이제 미래 사회에서 어떤 일이 벌어질지 여러분이 어떤 일을 하게 될지 알아볼까요? 상상만 해도 가슴 뛰는 얘기를 전해 줄 분을 모셨습니다. 박수로 맞아 주세요."

강의를 들으면서 미래 사회가 궁금하고 신기하기도 했지만 한편으론 내가 뭘 할 수 있을지, 좀 더 멋진 일은 없을지 하는 생각에 머릿속이 복잡해졌다. 강의가 끝나서도 고민하고 있는데 강의실로 부모님들이 들어오셨다. 사회자가 말했다.

"하루 종일 강의 들으시느라 피곤하셨죠? 부모님들께서는 이제 자녀들을 비저너리(visionary)로 키울 준비가 되셨으리라 믿습니다. 그 첫 번째가 자녀들에게 그들의 미래를 준비할 시간을 주는 것입니다. 부모님들께서는 자녀들과 인사한 뒤 대기 중인 버스에 승차하시기 바랍니다. 이틀 뒤 아침 서울에서 부쩍 성장해 있는 자녀들을 다시 만나게 될 겁니다."

여기저기서 웅성거렸다. 부모들은 부모들대로, 학생들은 학생들대로 걱정스러운 얼굴이다. 바위도 어머니의 손을 잡고 그대로 집으로 가겠다고 떼를 쓰려다 참았다. 부모님이 떠나고 강당에 다시 학생들만 남았다.

바위는 레크리에이션 시간 이후 친해진 형들과 함께 밥을 먹으러 갔다.

"바위야, 재미있냐?"

밥을 먹다가 옆에 앉은 고등학생 형이 물었다. 이제 고3이 된다고 했다.

"글쎄요. 아직은 잘 모르겠어요."

"그래. 그래도 넌 아직 어릴 때 이런 시간을 갖게 된 걸 행운으로 알아야 돼. 난 이제 고3이 되는데도, 내가 뭘 하고 싶은지 내가 뭘 할 수 있을지 잘 모르겠거든. 그러니까 무슨 대학 무슨 과를 가야겠다는 목표도 없고, 공부는 또 얼마나 지겨운지 몰라. 이번에는 꼭 내 목표를 정하고 가야겠다는 생각이 들어."

그때 맞은편에 있던 안경 쓴 형이 입을 열었다.

"고3인데 생각이 아주 깊은데? 난 대학생인데도 아직 잘 모르겠어. 그래도 늦지는 않았다고 생각해. 그나저나 저녁부터 내일까지 하루 종일 강의를 들어야 하는 건가? 좀 더 재밌는 프로그램이 많았으면 좋겠다, 그치?"

저녁을 먹은 다음 강당에서 적성 검사를 했다. 선생님은 바위에게 말했다.

"여기 모인 사람들에게 '만약 낚시 대회를 연다면?'이라고 질문했을 때 다른 사람들은 모두 '어떻게 하면 제일 큰 고기를 잡아서 1등을 할까' 하고 말했어. 하지만 바위는 엉뚱하게도 '상금을 마련하자면 어디 가서 어떻게 해야 할까? 현지 마을 사람들과 마찰이 생기지 않으려면 대회를 어떻게 진행해야 할까?' 하고 대답했지. 바위는 아마 사람을 만나서 협상과 타협을 하는 일을 하면 자신의 능력을 최대한 발휘할 수 있을 것 같구나."라는 것이었다. 바위는 마음속으로 쾌재를 불렀다. '내 꿈인 외교관이 바로 그런 일을 하는 거잖아!'

바위는 11시가 되어서야 숙소로 돌아왔다. 형들이 이런저런 얘기를 하는 소리가 들렸지만 어린 바위는 피곤한 탓에 금방 잠이 들어 버렸다.

다음 날 강당에는 둘째 날 일정에 관한 안내가 붙어 있었다.

"오늘은 모든 일정이 팀별 활동입니다. 오후 4시에 다시 강당으로 모일 때까지는 각 팀별로 정해진 방에서 워크숍이 진행됩니다."

방에는 책상이 ㄷ자로 놓여 있었고, 한쪽에는 음료수와 차, 과자, 초콜릿 등이 준비

되어 있었다. 잠시 후 방 안으로 안경을 쓴 아저씨가 들어오셨다.

"안녕하세요. 저는 대학 강단에서 학생들을 가르치고 있는 사람입니다. 하지만 오늘은 여러분에게 뭘 가르치러 온 것이 아니라 단지 옆에서 여러분을 도와주기 위해 온 것입니다. 오늘 여러분의 마음속에 무엇을 남길지는 오로지 여러분 자신에게 달려 있습니다. 먼저 워크북을 나누어 드리겠습니다."

워크북을 받아 든 바위는 한 장 한 장 넘겨 보았다. 내용이 채워진 곳보다 빈 칸이 더 많았다.

"첫 번째 시간은 '나는 누구인가?'입니다. 여러분 자신은 자신에 대해 아주 잘 알고 있다고 생각하나요? 이번 시간은 자신에 대해 생각해 볼 겁니다. 어제 적성 검사 결과, 여러분 생각대로 나오던가요? 그건 참고 자료일 뿐입니다. 중요한 것은 여러분 스스로가 자신이 어떤 사람인지 깨닫는 것이지요. 지금부터 1시간 동안 각자 워크북을 10페이지까지 작성해 보세요. 간단히 서로 이야기해 보도록 해요."

잔잔한 음악이 흘러나왔다. 바위는 아침이라 아직 졸리지는 않았지만 머리를 맑게 하려고 차를 한 잔 마시고 정성껏 한 장씩 작성했다. 첫 시간을 통해 바위는 정말 자신이 하고 싶은 것이 무엇인지, 또 자신의 장점과 단점에 대해 생각해 볼 수 있었다. 이런 생각은 사실 처음 해 보는 거라서 어색했지만 지루하지 않고 새롭게 느껴졌다. 그 과정에서 훌륭한 외교관이 되고 싶다는 생각은 더욱 강해진 것 같았다.

두 번째 시간은 '미래이력서'를 작성하는 시간이었다. 나중에 외교관이 되려면 앞으로 어떤 일들을 해야 하는지 계획해 보기. 의욕이 앞섰지만 너무 어려운 문제였다. 바위는 조용히 손을 들어 선생님에게 물어보았다.

"저 외교관이 되려면 무엇을 해야 하죠?"

"그래, 좋은 질문이구나. 기본적으로 우리나라에서 외교관이 되려면 '외무고시'라는 것을 통과해야 하는데, 국가에서 치르는 시험이야. 그 시험을 통과하려면 정치, 경제, 사회 및 법에 대한 지식을 많이 알고 있어야 해. 외국어도 아주 잘하면 좋겠지?"

'외국어를 잘해야 한다고? 그러면 외국에 나가서 어학연수 같은 것도 해야 하겠네? 그리고 정치, 경제, 사회, 법 그 전부를 어떻게 공부하지?'

'어학연수'를 미래이력서에 썼다가 형들의 조언을 듣고 '교환학생'으로 고쳤다. 또 그 모든 것을 배우려면 역시 전문 외교관 양성을 목표로 하는 정치외교학과에 입학해야 할 것 같아, 미래이력서에 포함시켰다. 하나둘 칸을 채우다 보니 1년 단위로 뭘 해야 할지 정리가 되었다.

'와, 정말 이렇게만 된다면 얼마나 좋을까? 과연 내가 이걸 다 해낼 수 있을까?'

점심을 먹으러 식당으로 향했지만 바위는 머릿속이 복잡했다. 꿈을 이루려면 공부도 엄청 많이 해야 할 것 같고 그 과정이 어려울 것 같기도 했다. 점심을 먹고 운동장을 한 바퀴 천천히 걸으면서 마음을 가다듬었다. 다시 강의실로 들어갔다.

"비전은 마음에 품는 것 못지않게 그것을 달성하기 위해 구체적인 계획을 세우는 것도 중요합니다. 여러분이 세운 계획은 사실 아주 대략적인 것입니다. 여러분은 오후 시간을 통해 두 가지를 해 볼 것입니다. 첫 번째는 보다 구체적인 계획을 세우기. 당장 오늘 내가 뭘 해야 하는지 몰라 고민하는 일이 없도록 아주 구체적인 계획을 세우는 방법을 여러분에게 가르쳐 드리겠습니다. 두 번째는 그렇게 계획된 크고 작은 목표를 달성할 수 있도록 해 주는 기술들. 자, 이제 시작하죠."

중간에 잠깐 머리를 식히는 레크리에이션 시간을 가진 것과 저녁 식사 외에는, 아주 바쁘게 하루가 지나갔다. 워크북을 거의 완성했다 싶어 시계를 보니 어느덧 밤 9시가 넘어 있었다. 이제 남은 일은 내일 발표할 비전선언문을 완성하는 것이었다. 한 자 한 자 모두들 정성스럽게 썼고, 선생님들은 계속해서 조언을 해 주었다. 모두가 비전선언문을 완성하자 즐거운 캠프파이어가 시작되었다.

어찌나 즐겁고 자랑스러운지 바위는 자신감이 넘쳤다. 목표를 세웠고 그것을 달성하기 위한 기술도 배웠다. 이제 실행하기만 하면 된다. 또한 이렇게 마음속에 비전을 새기고 그것을 실행하려고 노력하는 친구들이 30명도 넘는다. 자신과의 약속을 지키기 힘들 때, 형, 누나들과 계속 연락하면서 서로 도와주면 좋겠다고 생각했다. '내일 가기 전에 이메일 주소 받아가야지.' 하고 마음먹었다. 모두 피곤했지만 밤이 깊은 줄 모르고 즐거워했다.

다음 날 바위가 아침 식사를 마치고 형들과 버스에 오른 것은 8시 5분이었다. 바위와 학생들은 다시 서울로 돌아왔다. 강당에는 선생님들과 스태프들이 한창 바쁘게 움직이고 있었다. 학생들은 각각 이름이 써 붙여진 자리를 찾아 앉았다. 단상에는 '비전스쿨 비전선언식'이라는 플래카드가 걸려 있었다. 학생들은 정해진 자리에 앉아 곧 발표할 비전선언문을 외우고 또 외웠다.

10시 20분이 되자 강당 문이 열리면서 부모님들과 그 밖에 손님들이 들어왔다. 부모님이 바위 곁에 앉았다. 어머니가 바위의 손을 잡으며 "기분이 어떠니?" 하고 속삭였다. 바위는 대답 대신 고개를 끄덕이며 손가락으로 원을 그려 보였다. 그때 아버지가 빙그레 웃으며 바위의 머리를 쓰다듬었다. 바위는 손을 내밀어 아버지의 손을 꼭 쥐었다. 순간 가족이 한 마음, 하나의 비전 공동체가 된 것 같은 느낌이 들었다.

지숙은 강의를 듣는 내내 생각했다. '그래, 바위에게 뭘 가르치려 한다기보다는 그 아이가 스스로 해 나갈 수 있도록 도와주는 역할을 해야겠다. 오늘 바위의 결심을 존중해 주고, 그 아이의 든든한 후원자가 되어 줘야지.' 하고 발표하는 바위보다 지숙이 더 긴장되었다.

10시 30분이 되자 사회자가 무대로 나왔다. 사회자의 진행에 따라 가나다순으로 학생들이 단상에 올라가 비전선언문을 발표했다. 드디어 바위 차례가 되었다. 긴장을 안 하려고 할수록 더 긴장되었다. '하지만 난 미래에 외교관이 될 사람이야. 이 정도의 사람 앞에서는 떨리지 않아!' 마음속으로 외치며 드디어 사람들 앞에 선 바위.

"나의 비전은 평화와 함께 더불어 사는 세계를 만드는 것입니다. 이 비전을 실현하기 위해 저는 남북통일에 기여하고 통일된 한국이 세계의 평화와 경제의 리더로 자리매김하도록 만들 것입니다. 저는 2014년 입시에서 정치외교학과에 입학해 2022년 외무고시를 패스하고, 2034년 40세가 되면 주UN대사가 되어 한국의 위상을 높이겠습니다."

바위가 비저너리 인증서를 받아들자 박수와 함성이 쏟아졌다. 가슴이 뿌듯하고 얼굴은 붉게 상기됐다. 바위의 어머니는 눈물을 참느라 입술을 꼭 다물었다. 아버지 미소에는 분명 자랑스러움이 묻어 있었다. 오랜만에 가족이 함께 외식을 하며 비저너리 패밀리가 되었음을 다시 한 번 확인했다.

"바위야, 너 배운 거 아빠한테 가르쳐 줘야 한다."

"하하하!" 가족이 함께 웃었다. 바위는 21세기를 누구보다 의미 있게 맞이한 것 같았다. '개학하면 친구들에게도 자랑해야지. 그리고 추천해 줘야겠다.' 하고 생각했다. 레스토랑 밖 창문 너머로 보이는 파란 하늘이 너무나 상쾌해 보였다.

'큰물'에서
놀게 해야
'큰 고기'가 된다

선규는 뭐든 일등을 해야 직성이 풀리는 성격이었다. 그는 학교 성적은 물론이고 농구든 축구든 탁구든 모든 놀이, 게임, 승부에서 늘 최고라는 소리를 듣고 싶어 했다. 자신이 최고이기 때문에 부모님은 물론 친구들이나 선생님도 모두 자신을 인정해 주고 좋아해 줄 거라 생각했다.

그러던 어느 날 친구들이 학교 운동장에서 농구를 하고 있는 것을 보고 자기도 같이 하게 해 달라고 했다. 그중 한 명이 "이선규. 너 재수 없어. 꺼져!"라고 소리쳤다. 순간 선규는 몽둥이로 뒤통수를 한 대 얻어맞은 것처럼 아찔했다. 비틀비틀 돌아서는 선규의 등에 모든 친구들의 경멸에 찬 시선이 모였다. 너무나 창피했다.

그날부터 선규는 밤마다 잠을 이루지 못하고 뒤척였다. "재수 없어.

꺼져!"라는 소리가 계속 귓가에 맴돌았다. 자기 자신도 싫고 친구들도 싫었다. 자신의 결점을 받아들이기는 더욱 어려웠다. 자만심은 여지없이 무너지고 열등감과 패배감이 뒤범벅되어 마음을 어지럽혔다. 아무것도 하기 싫었다. 말수도 줄고 매사에 부정적이고 소극적이 되었다.

그런 상태는 오래 지속되었지만 6학년이 되었을 때 새로운 계기가 생겼다. 사회 시간에 모의재판이 있었는데 선규에게 검사 역할이 주어졌다. 준비 시간은 하루였다. 선규는 집에 와서 전에는 읽어 볼 꿈조차 꾸지 못했던 법에 관련된 자료들을 열심히 읽고 또 읽었다. 아버지도 어머니도 참고가 될 만한 자료들을 찾아 가며 도와주셨다. 연설도 수십 번 연습해서 거의 외울 정도가 되었다.

다음 날 모의재판이 열리자 선규는 자신감 넘치는 목소리로 또박또박 말했다. 웅성웅성하던 아이들도 모두 조용해졌다. 스스로도 놀라웠다. 연습 때보다 더 멋지게 해냈다. 박수 소리가 들렸고 그의 팀은 유죄 판결을 받아 냈다. 모처럼 통쾌한 성취감을 맛보았다.

선규는 자기가 그렇게 달라질 수 있으리라고는 전혀 생각하지 못했다. 자기주장을 설득력 있게 전달하는 달란트가 있다는 사실을 깨달았다. 동시에 영웅이 되는 것은 항상 스포츠를 잘한다거나 성적을 잘 받아야만 되는 것은 아니라는 사실도 깨달았다. 이제 더 이상 열등감이 그를 괴롭히지 않았다.

모의재판을 계기로 선규의 자신감은 돌아왔고 그동안의 괴로웠던 시간은 결과적으로 겸손이라는 건강한 약을 처방받은 시간이 되었다. 보람을 느낄 수 있는 일에 열중하다 보면 모든 괴로운 기억은 사라진다는 것도 알았다. 그때부터 선규는 책도 많이 읽고 친구들에게도 먼저 말을 걸며 자기보다 친구를 더 높이 인정해 주는 태도를 보이기 시작했다.

고3이 된 그는 세계에서 가장 우수한 학생 토론자들이 겨루는 독일 슈투트가르트에서 열린 '세계 학생 토론 대회'에도 한국 대표로 참가했다.

그의 아버지는 영어에 능통했다. 늘 영어권 세계와 접촉하고 있어서 세계의 흐름을 알았다. 그래서 선규가 하고자 하는 일을 적극적으로 도와주었다. 원고도 교정해 주고 발음도 바로잡아 주었다.

그런 코칭과 지지 덕분에 선규는 고3 졸업 직전에 캐나다에서 열린 '국제학생토론대회'의 한국 대표단을 지도하는 코치로 참가했다. 그는 한국에 토플시험이 생긴 이래 다섯 번째의 만점자가 되었고, 고등학교를 졸업한 후 미국 대학을 다니는 동안 매년 5만 달러의 장학금을 한국 기업으로부터 받았다.

선규는 하버드 대학교 입학 허가를 받고 2005년 9월 대학 생활을 시작했다. 정치학을 공부한 후 한국으로 돌아와 정치학 교수 또는 정치인이 되어 설득력이라는 달란트를 극대화할 생각이다. 선규의 일기장에는 '결국 토론에 대한 나의 관심과 아버지의 지원이 삶에서 진정한 가능성의 무대를 발견하도록 나를 이끌어 주었다.'라고 쓰여 있다.

자녀에게 있어 아버지의 역할은 수어지교(水漁之交)가 되어야 한다. 수어지교는 삼국지에서 유비가 삼고초려 끝에 맞이한 제갈공명을 관우와 장비가 탐탁지 않게 여기자 자신에게 있어 공명은 물고기와 물의 관계와 같다고 비유한데서 유래된 말이다. 이처럼 자녀에게 있어 중요한 아버지의 역할 중 하나는 바로 제대로 뛰어놀 '물'을 제공하는 것이다. 일본의 관상어 코이가 작은 어항에서는 5~8센티미터, 아주 커다란 수족관이나 연못에서는 15~25센티미터까지 자라지만 강물에 방류하면 90~120센티미터까지도 자라나듯, 꿈의 크기를 키워 줄 가능성의 무대를 자녀에게 보여 주자. 그럴 때 자녀들은 물 만난 고기처럼 스스로의 한계를 깨고 엄청난 성장을 이루어 낼 수 있다는 걸 기억하라.

삶으로
보여 주고
스스로 발견하게 하라

아이다 스커더는 평범한 여고생이었다. 그녀는 '삶이란 무엇인가, 어떻게 사는 것이 바람직한 것인가'라는 질문에 뚜렷하게 정리된 생각을 갖고 있지 않았다. 그저 남들처럼 대학을 졸업하고 취직해서 넉넉한 소득을 올리며 그럭저럭 즐겁게 살아야겠다고만 생각했다. 그녀는 특히 친구들과 어울려 다니면서 노는 것을 좋아했고, 그렇게 하자니 돈이 필요했기 때문에 취직을 결심했다. 그녀가 생각하기에 직업이란 인생을 즐기기 위해 돈을 마련하는 단순한 수단에 불과했다. 그녀에게 꿈이 있다면 부자와 결혼해서 잘 사는 것뿐이었다.

그녀의 아버지는 할아버지의 뒤를 이어 인도에서 의료 봉사 활동을 하고 있었다. 아이다는 집안의 모습이 싫었다. 인도의 무더운 날씨가 싫었고 인도 사람들도 싫었다. 봉사 활동을 하면서 살아가는 아버지의 모습은 속 편하게 놀고만 싶은 아이다에게 일종의 부담이 되었기 때문이다. 놀기 좋아하는 그녀로서는 인도 생활이 견디기 어려웠다. 결국 혼자 미국에 남아 학교에 다니고 있었다. 그러다 그녀의 어머니가 병이 나서 인도에 다녀와야 했다.

인도에 머물고 있던 어느 날 밤, 아이다는 자기 방에서 책을 읽고 있었다. 그때 인도 최고 계급인 브라만 남자 한 명이 베란다로 불쑥 올라왔다. 그는 아이다를 보고 다짜고짜 이렇게 말했다.

"의사 선생님. 지금 내 아내가 아기를 낳고 있는데 같이 가서 좀 돌봐 주시오. 지금 급해요. 자, 빨리 이쪽으로 오시오."

"아, 아닌데요⋯."

"지금 빨리 안 가면 아기도 아내도 다 죽을 것 같소. 동네 산파가 아무리 애써도 잘 안 되고 있소. 위독하오. 서둘러 주시오."

"전 의사가 아니에요. 의사는 우리 아버지예요. 지금 왕진 가셨는데 돌아오시면 제가 말씀드릴게요. 주소를 적어 놓고 가세요."

그러자 브라만 남자는 고개를 가로저으며 단호하게 딱 잘라 말했다.

"낯선 남자를 집 안에 들이느니 차라리 아내와 아이 모두 그냥 죽게 내버려 두겠소."

아이다는 그 여인이 불쌍하다는 생각이 들기는 했지만 자신으로서는 어떻게 손을 써 볼 방법이 없어서 남자를 돌려보냈다. 그런데 또다시 베란다 쪽에서 소리가 났다. 그 브라만 남자가 다시 왔나 싶어서 나가 봤더니 이번에는 회교도 남자가 서 있었다. 그는 아이다에게 간절한 목소리로 말했다.

"아내가 해산 중입니다. 제 집에 와서 아내 좀 살려 주세요."

그 말을 듣고 외출했다가 방금 돌아온 아이다의 아버지가 가겠다고 말했다. 그러나 회교도는 거절했다.

"지금까지 가족이 아닌 외간 남자는 그 누구도 내 아내의 얼굴을 본 적이 없소. 이방인 남자를 집 안에 들이는 것은 상상할 수도 없소."

아이다는 아버지와 함께 그 회교도의 마음을 돌려 보려고 무진 애를 썼지만 모두 허사였다. 회교도는 돌아갔고 그녀는 무거운 마음으로 다시 책을 펼쳤다.

다시 베란다 쪽에서 인기척이 들렸다. 이번에는 높은 신분의 힌두교 도가 베란다에 서 있었다. 그 역시 아이다에게 해산 중인 젊은 아내를 살 려 달라고 간청했다. 아버지는 남자이기 때문에 안 된다며 아이다에게 꼭 같이 가 달라고 말했다. 자기는 의사가 아니라는 아이다의 말을 들은 그는 절망에 찬 표정으로 힘없이 돌아섰다. 이럴 땐 아이다의 어머니가 그들을 돌봤었는데 어머니가 병이 드는 바람에 더 이상은 도울 수 없었 던 것이다.

그날 밤 그녀는 잠을 이룰 수가 없었다. 너무도 괴로웠다. 단지 자신 이 의사가 아니라는 이유로 눈앞에서 세 명의 여인들이 죽어 가고 있었 다. 그녀는 그날 밤 한숨도 자지 못하고 뒤척였다. 그렇지만 아무리 생각 해도 해결책이 없었다. '나는 내 생애를 인도에서 보내고 싶지 않아. 친 구들과 즐거운 삶을 만끽할 수 있는 미국으로 가고 싶어.'

　그녀는 처음으로 삶의 진정한 의미가 무엇인지를 진지하게 생각해 보았다. 그녀가 그토록 오래 얼굴을 감싸 쥐고 '나를 이 세상에 보낸 조물주의 본뜻이 무엇인가'를 생각한 것은 그날이 처음이었다. 그러다 조물주가 자신을 인도에서 쓰시려고 이곳으로 불렀다는 것을 직감했다.

　아침이 되어 아이다가 잠에서 깨어났을 때 그 세 여인은 이미 죽어 있었다. 그녀는 그날 오후 늦게 아버지에게 갔다.

　"아버지, 전 결심했어요."

　"결심, 무슨 결심을 했는데?"

　"저도 의사가 되겠어요. 인도에서 아버지처럼 환자를 돌보겠어요."

　"인도는 힘든 곳이란다. 어제 본 것처럼 종교적인 갈등도 많고."

　"그렇게 힘들다고 하시면서도 할아버지, 어머니, 아버지도 이렇게 몇십 년씩 하고 계시잖아요. 저도 이제 알겠어요. 아버지가 왜 여기서 대를 이어 수고하시는지를."

　"어젯밤 일을 보고 충격받은 모양이로구나."

　"네, 아버지. 세상에서 죽어 가는 생명을 살리는 것보다 귀한 일은 없을 것 같아요. 아버지는 정말 너무나 좋은 일을 하고 계시는 것 같아요. 전 아버지가 자랑스러워요. 저도 아버지 같은 의사가 되고 싶어요. 그리고 인도에서 일하고 싶어요."

　"그래. 나도 네가 자랑스럽구나."

　아이다는 미국으로 가는 배 안에서 세상에서 가장 소중한 일은 죽어 가는 생명을 살리는 일이며, 세상에서 가장 아름다운 삶은 인도와 같은 빈곤 지역을 위해 봉사하며 사는 삶이라 생각했다. 미국으로 돌아온 그녀는 1899년에 여성으로서는 최초로 코넬의과대학을 졸업한 뒤 즉시 인도로 달려갔다. 그녀는 벨로르라는 도시에 20평 남짓한 건물을 마련해 병원을 열었다. 200명, 300명의 환자들이 몰려들었다. 급기야 하루에 500명까지 진료해야 하는 날도 있었다. 일손이 부족해 원주민 여인들이 간호보조원, 혹은 병원에서 자질구레한 일을 담당하는 도우미로 자원하고 나섰다. 또한 이 병원의 소문을 들은 수십 명의 의사들이 미국과 유럽에서 몰려오기 시작했다. 지금 벨로르병원은 병상이 1천 7백 개나 되는 초대형 병원이 되었다.

하지만 아이다의 일은 마치 바닷물을 컵으로 떠내는 것과 같았다. 도와주는 사람이 늘어나기는 했지만 환자 수에 비하면 의사 수는 여전히 턱없이 모자랐다. 아이다는 생각 끝에 벨로르병원에 간호대학과 의과대학을 설립했다. 이 문제를 근본적으로 해결하기 위해서는 의사와 간호사를 양성해야 한다고 생각한 것이다. 그 결과 지금 벨로르는 아이를 낳는 인도 여인들의 낙원이 되었다.

아이다의 아버지는 딸에게 무엇이 되어라, 어떤 삶을 살아라 하는 식으로 말하지 않았다. 자기가 왜 인도에서 대를 이어 의료 봉사를 하고 있는지도 설명하지 않았다. 그저 묵묵히 아버지로서의 삶의 모습을 오롯이 보여 주었다. 딸은 그 가운데서 자기 주변에 전개되고 있는 상황이 무엇인지 그 의미가 무엇인지 그것이 자기에게 보내고 있는 신호가 무엇인지 스스로 깨달았다. 자녀가 바람직한 꿈을 발견하게 하는 효과적인 방법 중 하나는 아버지의 삶을 보여 주고 자녀 스스로 깨닫게 하는 것이다.

"자네가 무언가를 간절히 원할 때,
온 우주는 자네의 소망이 실현되도록 도와준다네."
아이의 소망, 그 꿈이 실현되도록 돕는 우주 같은 아빠.
아이의 드림 멘토는 바로 아빠다.

아빠, 미래로 건너가는 다리가 되다

      어떤 작은 은행 옆, 거지가 깡통을 앞에 놓고는 구걸로 생계를 이어 가고 있었
다. 모른 척 지나가는 사람도 있었고, 그를 불쌍히 여기며 동전을 던져 주는 이도 있었다.
그중에는 옆 은행의 은행장도 있었다. 그는 동전을 주면서 꼭 그 옆에 놓여 있는 볼펜을 집
어 가며 이렇게 말했다.
"자네는 사업가일세. 그리고 지금 나는 자네와 거래하는 걸세. 자네는 사장님이지, 사장님!"
어느 날, 거지는 홀연히 사라졌다. 세월이 흘러 은행장은 우연히 거지를 다시 만났다. 그는
더 이상 거지가 아니었다. 근처 건물의 매점 주인이 되어 있었다.
"선생님은 저를 '사업가'라 불러 주셨습니다. 그 순간 저는 정말로 거지가 아닌 사업가가 되
어야겠다고 생각했습니다. 그때부터 볼펜, 연필 등을 가지고 다니면서 팔았습니다."
은행장이 거지의 꿈을 일깨워 주었듯 아버지는 아이의 꿈을 키워 줄 수 있다.

날마다
꿈을 쓰는
작가가 되게 하라

"안녕하세요, 교수님! 몇 달 전 강의를 들었던 중학교 1학년 학생입니다. 저는 사실 공부를 못하고 즐기지도 않는 학생입니다. 하지만 교수님 말씀을 듣고 반에서 29등이었던 제가 공책에 하루에 15번씩 '나는 전교 1등이다'라고 쓰면서 공부했습니다. 그렇게 하루하루 노력했더니 기말고사에서 전교 3등을 했습니다. 그 후로 저는 공부할 때마다 3등을 했던 순간을 떠올리며 열심히 한답니다. 이제는 공부하는 시간이 즐겁기만 하네요."

어떤 중학생으로부터 받은 편지다. 그는 지금 고등학생이 되어 있을 것이다. 아마 그는 자기에게 어떤 중요한 결심이 필요할 때, 스스로 세운 목표를 달성하고 싶을 때마다 '꿈 쓰기'를 시도하고 있을 것이다.

비슷한 사례는 또 있다. 2008년 7월, 중학교 2학년 경민이는 아버지의 손에 이끌려 나의 비전 강의를 듣게 되었다. 그리고 그날부터 노트에 "나는 전교 3등이다. 나는 키가 187센티미터다. 나는 하버드 대학생이다."라는 문장을 하루 스무 번씩 썼다. 3개월 후 2학기 중간고사 성적표를 받아 보니 거짓말처럼 3등이라고 적혀 있었다. 성적표를 받던 그날 밤 경민이가 물었다.

"아빠, 하버드대학교는 어디 있어요?"

"음, 미국에 있다."

"그럼 저 미국 갈래요."

그리고 1년 후 그는 미국으로 갔다. 2013년 루이지애나주의 한 사립고를 졸업한 그는 루이지애나 주립대에 장학생으로 입학했다. 미국에서 고등학교 졸업생을 대상으로 단 한 명만 선발하는 명예의 전당에 이름을 올리기도 했다. 물론 미국에 가서도 여기서 했던 방법, 하루에 스무 번씩 목표를 적는 것을 빼먹은 날이 거의 없었다.

패트는 아이들을 잘 키우는 것으로 소문난 '모델 어머니'다. 어느 날 '배우는 어머니' 헬렌이 그녀를 찾아와서 아이들에게 꿈을 심어 주는 방법에 대해 질문했다. 모델 어머니 패트는 잠시 자리에서 일어나 아들 빌리와 함께 돌아왔다. 아들 빌리는 작은 수첩 하나를 손에 들고 있었다. 열두 살 아들 빌리는 헬렌에게 인사하고는 자신의 수첩을 건네주었다. 그 수첩에는 두 가지의 목표가 적혀 있었다. 헬렌이 빌리에게 수첩을 돌려주며 물었다.

"목표를 종이에 적는 거 어떻게 생각하니?"

"처음에는 별로 좋아하지 않았어요. 시간 낭비인 것 같고 싫었어요. 그런데 지금은 원하는 게 있을 때마다 적어 놓아요. 그렇게 적는 걸 좋아하고요."

"지금은 왜 좋아하는 건데?"

"제가 원하는 것을 얻을 수 있도록 도와주니까요!"

빌리는 웃으면서 대답했다. 헬렌과 빌리는 한참 동안 이야기를 나누었고 서로가 마음에 들었다. 시간이 꽤 흐른 뒤 빌리는 인사를 하고 자리에서 일어났다. 아이가 자리를 떠나자 헬렌은 패트에게 다시 물었다.

"빌리가 참 대견하네요. 그런데 한 가지 이해가 안 되는 게 있어요. 왜 모든 목표를 이미 이룬 것처럼 쓰는 건가요?"

"목표는 우리가 일어나길 바라는 것들, 즉 우리가 보고 싶은 결과라고 말씀을 드렸죠? 우리 집에서는 목표가 이루어지기 전에 먼저 마음으로 본답니다."

"네? 그게 무슨 말씀인가요?"

"우리가 이미 목표를 이룬 것처럼 씀으로써 성공한 사람들의 비법을 활용하는 겁니다. 그리고 우리 가족은 이 방법이 정말 효과가 있다는 걸 알게 됐어요. 정말 많은 경우 목표의 대부분을 이루었으니까요."

"제가 제대로 이해했는지 한번 들어 봐 주시겠어요? 그러니까 이루길 바라는 일을 이미 목표를 이룬 것처럼 쓴다. 그리고 그 목표를 위해서 구체적으로 지금 하고 있는 일을 쓰고, 언제까지 이루겠다는 목표 날짜를 쓴다. 마지막으로 자주 검토한다."

"맞아요. 우리가 원하는 것을 더 자주 쓰고, 더 자주 반복해서 검토할

수록 원하는 것을 더 많이 얻을 수 있어요. 우리는 가족 각자의 목표 달성을 격려해 주기 위해 서로의 목표를 복사해서 나누어 가지고 있죠."

《누가 내 치즈를 옮겼을까》, 《선물》 등 주옥같은 작품을 선보이며, 최고의 이야기꾼이자 베스트셀러 작가로 자리매김한 스펜서 존슨의 또 다른 책《부모》. 이 책은 주인공 헬렌이 '1분 어머니'라 불리는 특별한 어머니와 그녀의 딸을 만나 부모에게 필요한 1분 자녀 교육을 받는 내용이다. 앞서 왜 모든 목표를 이미 이룬 것처럼 쓰는지에 대한 헬렌의 질문에 패트는 목표는 우리가 일어나길 바라며 보고 싶은 결과이기에 이루어지기 전에 먼저 마음으로 보며, 목표를 이룬 것처럼 쓰는 성공한 사람들의 비법을 활용한다고 말한다.

이 비법이 바로 'as-if의 법칙'으로 불리는 그것이다. 이미 이룬 것처럼 생각하고 행동함으로써 바라는 것을 실현시키고자 하는 것. 우리가 특정 감정이나 느낌을 가지면 그 느낌은 행동으로 연결되는데, 이를 가장 잘 설명하는 말이 '행복해서 웃기도 하지만 웃으면 행복해진다'라는 표현이다. 우리의 잠재의식은 현실과 가상을 구분하지 못하기에 어떤 느낌을 갖고 있는 것처럼 행동하면 그 행동으로 인해 감정이 생겨난다.

실제로 우리의 웃음이 진짜든지 가짜든지 웃는 행동은 어떤 경우라도 건강에 긍정적인 영향을 미친다.

캐나다 출신의 한 가난한 19세 청년이 고등학교를 중퇴하고 영화배우가 되겠다는 꿈을 안고 할리우드로 향했다. 하지만 현실은 만만치 않았다. 촌뜨기 청년을 주목하는 사람은 아무도 없었다. 청년은 하루에 햄버거 하나를 세 토막 내서 세 끼니를 때우고, 낡은 차 안에서 잠을 잤으며, 공원 화장실에서 몸을 씻는 그런 나날을 보냈다.

길고 혹독한 무명 시절을 보내고 벼랑 끝에 몰린 청년이 28세가 되던 1990년의 어느 날, 할리우드가 한눈에 내려다보이는 가장 높은 언덕으로 올라갔다. 그리고 미리 준비한 백지 수표에 1995년 추수감사절까지 자신의 앞으로 천만 달러를 지급한다고 썼다.

청년은 이 수표를 항상 지갑에 넣고 다니면서 틈날 때마다 꺼내 보며 목표를 되새겼다. 영화 출연료로 천만 달러를 받는 자신의 모습을 생생하게 떠올리면서 어려움을 견뎌 냈다. 그리고 1995년 이 청년은 영화 〈배트맨포에버〉로 정말 천만 달러의 출연료를 받는 최고의 배우가 되었다.

바로 짐 캐리의 이야기다. 짐 캐리가 써 내려간 꿈을 현실로 이루게 한 그 마법의 문장은 as-if 법칙의 대표적인 사례다. 원하는 결과, 바라는 바를 먼저 마음의 눈으로 보고 이미 목표를 이룬 것처럼 쓰는 이 마음의 기술로 자녀들이 글자를 해독하기 시작한 그 순간부터 꿈을 기록하게 하라. 꿈을 쓰는 작가가 되게 하라. 그리고 보는 대로 믿는 것이 아니라 믿는 대로 보게 하라. 그렇다면 그 마법의 기록은 당신 자녀의 꿈을 이루어 줄 것이다. '당신에게 일어날 다음 일은 분명 당신이 원했던 것'이라고 말하는 짐 캐리의 꿈처럼.

꿈이 현실이 되는 마법의 '드림 네임'

어떤 작은 은행 옆 거지 한 명이 깡통을 앞에 놓고는 구걸로 생계를 이어 가고 있었다. 모른 척 지나가는 사람도 있었고 그를 불쌍히 여기며 동전을 던져 주는 이도 있었다. 그중에는 옆 은행의 은행장도 있었다. 다만 은행장과 다른 사람들의 차이점이 있다면 은행장은 동전을 주면서 꼭 그 옆에 놓여 있는 볼펜을 집어 갔다는 점이었다. 또 볼펜을 가져가며 항상 다음과 같이 말했다.

"자네는 사업가일세. 그리고 지금 나는 자네와 거래하는 걸세. 자네는 사장님이지, 사장님!"

그러던 어느 날 매일같이 은행 옆을 떠나지 않던 거지는 홀연히 그 자리에서 사라졌다. 그리고 세월이 얼마쯤 흘러 은행장의 기억 속에서 그의 존재가 희미해졌을 무렵, 은행장은 우연히 그 거지를 다시 만나게 되었다. 그러나 그는 더 이상 거지가 아니었다. 은행 근처에 있는 다른 건물의 매점 주인이 되어 있었던 것이다. 그 거지는 은행장을 보자 반가워하며 이렇게 말했다.

"언젠가는 선생님께서 이곳에 오실 줄 알았습니다. 제가 이 매점의 주인이 된 것은 선생님 덕분이에요. 선생님께서는 제게 '사업가'라고 말씀해 주셨습니다. 그 순간 저는 정말로 거지가 아닌 사업가가 되어야겠다는 생각을 했습니다. 그때부터 볼펜, 연필, 공책 등을 가지고 다니면서 팔았습니다. 선생님께서는 제게 꿈을 일깨워 주셨습니다."

심리학에는 자기 규정 효과(self-definition effect)라는 것이 있다. 생각은 행동을 결정하고 행동이 운명을 결정한다는 관점에서 볼 때 '나는 이런 사람이다'라고 스스로를 규정하게 되면, 정말 그런 사람처럼 행동하게 된다는 것이다.

《생각의 혁명》의 저자 로저 본외흐가 창의성에 영향을 미치는 요인들을 찾아내기 위해 성장 과정에서부터 교육 배경에 이르기까지 수많은 요인들을 조사한 결과, 차이는 딱 한 가지였다. 바로 '창조적인 사람은 스스로 창조적이라 생각하고 그렇지 못한 사람들은 자신이 창조적이라고 생각하지 않는다.'는 자기 규정 효과에 영향을 받는다는 것이다.

"내가 그의 이름을 불러 주기 전에는 그는 다만 하나의 몸짓에 지나지 않았지만 내가 그의 이름을 불러 주었을 때 그는 나에게로 와서 꽃이 되었다."는 김춘수 시인의 시처럼, 은행장이 거지를 사업가로 다시 규정해 주었을 때 거지는 스스로를 다시 돌아볼 수 있게 되었고 변화된 생각은 변화된 행동을 낳았다.

자녀의 꿈을 가꾸는 아버지로서 자녀의 생각을 변화시키고자 한다면 자녀가 높은 자존감과 긍정성으로 현재와 미래의 자아를 재규정할 수 있게 도와야 한다. 옛사람들이 이러한 의미에서 아호(雅號)를 지을 때 소지이호(所志以號)라 하여 이루어진 뜻이나 이루고자 하는 뜻을 별호로 삼곤했던 것도 같은 맥락이다. 더욱이 지금은 기업뿐 아니라 개인도 자신만의 브랜드 아이덴티티를 가져야 하는 시대이기에 피겨 여왕 김연아, 세계적인 가수 싸이처럼 자녀의 미래상을 정의하는 가족만의 '드림 네임'을 불러 줄 필요가 있다.

'당신이 생각한 말을 1만 번 이상 반복하면 당신은 그런 사람이 된다.' 라는 아메리카 인디언들의 속담처럼 자녀들의 드림 네임을 정하라. 그리고 1만 번 이상 정말로 자녀의 빛깔과 향기에 알맞은 꿈 이름을 불러라. 피겨여왕님, 문학소녀님, 게임왕자님, 발명황제님, 왕셰프님 아니면 교장선생님, 은행장님, 주미대사님, 에디슨님, 다빈치님, 파우스트님⋯ 처럼. 하나의 몸짓에 지나지 않았던 당신의 자녀가 아름다운 꽃으로 활짝 피어나길 바라는 마음을 담아 불러 주어라.

매일매일
'긍정적 선언'을
하게 하라

켄터키 주 루이빌에 사는 순찰 대원 조 마틴은 주차장 미터기에서 동전을 수거하는 일을 하면서, 남는 시간에는 루이빌 청소년센터에서 권투를 가르쳤다. 그는 루이빌의 어린 소년들에게 긍정적인 자아상을 심어 주고 훌륭한 권투 선수가 되는 법을 가르쳐 주고 싶었다. 그러던 어느 날 저녁 몸무게 33킬로그램의 열두 살짜리 흑인 소년이 울면서 체육관에 들어왔다. 소년은 어찌나 화가 나 있는지 말도 제대로 꺼내지 못했다.

조가 무슨 일이냐고 묻자 소년은 새 자전거를 도둑맞았다고 하면서 훔쳐 간 사람을 때려 주고 싶다고 말했다. 어떻게 싸워야 하는지조차 몰랐던 이 허무맹랑한 꼬마 소년은 조의 가르침 속에서 혼신의 힘을 다해 운동했다. 조는 그의 재능을 알아보고는 "넌 최고야!"라고 응원했다. 조

의 기대에 부응하고 싶었던 소년은 권투 선수가 되기 위해 온 마음을 쏟았다. 그는 최고가 되고 싶었다. 그의 허약한 몸은 경기에 적합한 최고의 모습으로 바뀌었고, 그는 점점 더 자신이 '최고'라고 믿기 시작했다. 그리고 습관처럼 '내가 최고다!'라며 스스로에게 외치기 시작했다.

1964년 2월 26일 22세가 된 청년, 캐시우스 클레이는 세계 헤비급 챔피언 소니 리스튼에 맞서 링 위에 섰다. "나비처럼 날아서 벌처럼 쏘겠다!"며 당당하고 거침없이 자신의 승리를 장담하던 그는 8라운드에서 리스튼을 KO로 쓰러뜨리며 세계 헤비급 챔피언에 등극했다. 캐시우스 클레이는 그의 말처럼 정말로 '최고'가 되었다.

개명을 통해 지금은 무하마드 알리로 알려진 그는 쉴 새 없이 "내가 최고야!"라고 외치는 것으로 인해 '떠버리 알리'로 통한다. 그는 끊임없이 자신에게 '난 세계 최고의 선수다'라고 말하며 이를 실현시킨 선수였다.

반면 미국의 육상 선수 메리 데커는 달랐다. 그녀는 세계에서 가장 뛰어난 육상 선수 중 한 명이었고 1984년 올림픽 금메달이 확실시되는 기대주 중의 기대주였다. 그러나 올림픽 출전을 앞둔 어느 날, 메리 데커는 한 텔레비전 토크쇼에서 "이상하게도 전 운이 따라 주지 않아요. 전 늘 운이 없어요."라는 등 습관적으로 부정적인 말들을 계속 내뱉었다.

얼마 후 열린 올림픽 3천 미터 경기. 미국의 희망이던 그녀는 무언가에 홀린 듯이 어깨 너머로 졸라 버드 선수를 바라보다가 넘어지고 말았다. 정신을 딴 데 쓰다가 실격해 버린 것이다.

《체인징 마인드》의 저자인 하버드대 심리학과 하워드 가드너 박사는 "사람의 기억력은 노력하지 않으면 자기가 한 일 또는 하고 싶은 일을 잊어버리기 때문에 삶의 목표나 해야 할 일 등을 반복적으로 뇌에 입력시켜야 한다."고 주장한다. 이러한 뇌의 특성을 고려해 매일 삶의 목표를 외우면 원하는 정신적 표상을 만들고 그것을 사고 체계에 편입시킬 수 있다. 우리가 원하는 것을 성취하지 못하는 이유는 메리 데커처럼 '난 항상 재수 없어.'라고 생각해 그것을 정신적 표상으로 만들고, 그 표상과 부정적인 대화를 나눔으로써 계속 그 자리만 맴돌기 때문이다. 이와 관련해 어떤 의학자들은 병원을 방문하는 사람들의 75퍼센트가 부정적인 자신과 대화를 나눔으로써 유발된 정신병을 앓고 있다고 말했다.

이처럼 우리는 긍정적이든 부정적이든 거의 한순간도 쉬지 않고 마음속으로 내면의 대화를 한다. 마음은 스스로에게 분주히 말을 걸면서 삶과 감정, 세계는 물론 각자가 안고 있는 문제와 다른 사람들에 대해서 끊임없이 이야기한다. 마음속에서 흐르는 말과 생각이 매우 중요한 의미를 갖는 것도 바로 이 때문이다.

자신에 대해 말을 거는 긍정의 문장을 우리는 어퍼메이션(affirmation)이라 부른다. 어퍼메이션의 사전적인 의미는 '긍정적인 사실을 진실이라고 주장하거나 단언하는 행위'다. 즉 어퍼메이션은 자신이 무엇이 되고 싶거나 무엇을 갖고 싶은지 또는 자신이 인생을 어떻게 살고 싶은지를 묘사해 주는 '믿음의 긍정적 변화 과정'이다.

앞서 소년 캐시우스 클레이는 '나는 최고에 가깝다.'와 같은 애매한 표현이 아니라 단순하고 분명하게 '나는 최고다.'라고 수없이 선언했고 이를 통해 자신을 재정의함으로써 확고한 신념을 얻었다. 이처럼 어퍼메이션은 '나는 매일 모든 일에 있어 향상되고 있다.' 또는 '나에게는 낫는 힘이 있다.' 등 긍정문으로 작성되어야 한다.

이러한 어퍼메이션을 소리 내서 말해도 좋고 마음속으로 되뇌어도 좋다. 노래를 만들어서 불러도 좋고 종이에 써도 좋다. 중요한 것은 이를 매일 반복적으로 습관화하는 것이다. 석봉토스트로 유명한 김석봉 씨는 매일 새벽 거울을 보며 "살아 있어 기뻐. 일이 많아 바빠. 하나뿐인 나 예뻐."라는 '3뻐 다짐'을 한 것이 성취의 원동력이었다고 한다. 이처럼 어퍼메이션의 습관화 역시 성공한 사람들의 중요한 비결 중 하나다. 이러한 습관이 바로 '루틴(routine)'이다.

2004년 아테네 올림픽 양궁 개인 및 단체전 2관왕, 2008년 베이징 올림픽에서 단체전 금메달, 개인전 은메달에 빛나는 박성현 선수. 천하제일 신궁의 반열에 올랐던 그녀에겐 양궁 경기에 임하기 전 독특한 의식을 치르는 습관이 있었다. 먼저 활에 화살을 꽂은 뒤 상의 양쪽 끝자락을 한 번씩 살짝 당긴다. 그러고는 상의 칼라를 매만진 후에 손가락으로 선글라스를 추켜올린다. 마지막으로 심호흡을 한 후에 시위를 당긴다. 이런 박 선수의 모습은 마치 모범생이 거울 앞에서 용모를 단정하게 하는 모습과 비슷하다. 루틴은 한 치의 오차도 없이 이루어진다.

어느 스포츠 뉴스 기사에 따르면 메이저리그 아시아 선수 최다승 기록 보유자이며 한국 야구의 아이콘인 박찬호에게도 그만의 루틴이 있다고 한다. 선발 등판하는 날에는 경기 시작 1시간 20여분 전에 먼저 그라운드로 나와 외야에서 러닝과 스트레칭으로 몸을 푼다. 메이저리그 때부터 지켜 온 루틴이라고 한다. 등판 다음 날에는 러닝과 스트레칭에 이어 코치와 1대1로 튜빙 훈련과 근력 운동에 집중한다. 팔, 어깨, 복근, 허리, 하체 등 온몸의 근육과 관절을 풀어 주고 강화하는 훈련이다. 한여름 강도 높은 훈련은 지켜보는 이들도 숨이 막힐 지경이다.

삼성 라이온즈의 박한이 역시 자신만의 루틴이 있다. 타석에 들어서기 전 헬멧으로 머리를 쓸어 올리고 홈 플레이트 앞에 선을 긋는 그만의 의식은 야구팬들에게 박한이만의 고유한 이미지로 각인되고 있다.

골프의 전설 타이거 우즈 역시 자신만의 루틴이 있다. 퍼팅 전에 공 뒤편으로 다가서 전체적인 퍼팅 상황을 살핀 후 홀 주변을 살핀다. 그리고 공으로 돌아와 뒤쪽에 웅크리고 앉아 퍼팅의 속도와 커브를 계산, 공 옆에 서서 연습 스트로크를 두 번 한다. 그는 "내가 좋은 샷을 할 수 있는 이유 중 하나는 언제나 같은 루틴을 따르기 때문이다. 나의 루틴은 결코 변하지 않는 나만의 유일한 것이다. 그것은 내가 최상의 샷을 할 준비가 된 상태에서 매 순간 평정심을 유지할 수 있도록 한다."라고 말하며 루틴의 중요성을 강조했다.

타이거 우즈 등 자신의 종목에서 최정상급 기량을 가진 선수들은 일정한 행동, 즉 루틴을 반복하며 심리적인 안정감을 찾는다. 루틴은 '특정한 작업을 실행하기 위한 일련의 명령'이란 사전적 의미를 가지고 있다. 스포츠 심리학에서는 '최상의 운동 수행을 발휘하는 데 필요한 이상적인 상태를 갖추기 위한 자신만의 고유한 동작이나 절차를 가지는 것'이라고 정의하고 있다. 루틴은 결과적으로 선수에게 자신감과 용기를 준다. 좋은 루틴은 좋은 습관이다. 스포츠에서 루틴을 따르다 보면 선수들이 심리적 스트레스를 느낄 틈도 없이 경기에만 집중할 수 있게 된다. 또 일반 인들도 빨리 스트레스나 부정적 정서에서 벗어나 생산적으로 자기 삶에 집중할 수 있다.

자녀의 꿈을 가꾸는 농부로서 코치로서 자녀들에게 어퍼메이션과 루 틴을 적용해 보라. 루틴을 통해 습관화된 긍정적 선언은 자녀들을 긍정 적이고 자존감 넘치는 사람으로 자라도록 돕는다.

스스로
코치, 스승,
역할 모델이 되어라

　　타이거 우즈의 아버지 얼 우즈는 프로야구 선수가 되고 싶었으나 인종 차별로 실패하고 직업 군인이 되었다. 그가 직업 군인이 된 이유는 인종 차별이 비교적 덜하다는 것 때문이었다. 얼은 태국 출신 쿠틸다와 재혼하여 43세에 아들을 낳았다. 얼은 그 아들을 세계 최고의 골프 선수로 키워서 인종 차별의 멍에를 걷어치우겠다고 결심했다. 그것이 자신의 남은 인생의 목표라고 생각했다. 그래서 육군 중령으로 군대 생활을 마치고 오직 아들을 최고의 골프 선수로 키우는 일에만 전념했다. 아들의 이름을 '타이거'로 부르기로 하고 생후 6개월이 되던 날부터 자기 나름의 '프로그램'을 실행하기 시작했다.

　　얼 우즈는 제일 먼저 자기 집 차고에 매트와 네트를 설치했다. 첫 시도는 아기를 차고에 앉혀 놓고 자신의 스윙 연습 광경을 보여 준 것이었다.

생후 9개월 무렵, 얼 우즈가 골프 연습을 하고 있을 때였다. 아이가 일어
서더니 아버지가 갖다 놓은 작은 골프채를 집어 들고 공을 받침대에 올려
놓는 것이 아닌가? 그러더니 손목을 좌우로 흔들고 타깃을 바라본 다음
스윙을 했다. 공은 일직선으로 날아가 네트에 꽂혔다.

그날부터 얼은 본격적인 트레이닝을 시작했다. 얼은 타이거가 세 살
때까지는 직접 골프의 기본을 가르치다가 그 후로는 전문 코치에게 맡겼
다. 아이가 이미 얼이 가르칠 수 있는 수준을 넘어섰기 때문이다. 매우
잘한 선택이었다. 얼은 골프 코칭 자체보다 좀 더 폭넓은 보살핌과 가르
침을 줄 수 있게 되었다.

한 소년이 마을 밖으로 걸어 나가는 남자를 주의 깊게 바라보고 있었
다. 그 남자는 소년의 외삼촌이었다. 소년의 아버지가 산적들의 급습으
로 인해 죽자 외삼촌이 소년을 돌보게 된 것이었다. 그 열 살배기 소년은
외삼촌처럼 마을에서 가장 훌륭한 사냥꾼이 되고 싶어 했다.

그때 외삼촌이 갑자기 걸음을 멈췄다. 잠시 소년을 바라보더니 말 대
신 손짓을 했다. 같이 가자는 신호였다. 소년은 몹시 흥분해 외삼촌을 따
라나섰다. 그들은 온종일 사냥했는데 결과는 매우 성공적이었다.

그날 이후로 외삼촌이 사냥을 나가는 날에는 소년 역시 어김없이 함
께했다. 외삼촌은 특별히 소년에게 사냥을 가르치지 않았다. 그저 묵묵
히 스스로 할 일을 했다. 소년은 외삼촌이 사냥하는 모습을 바라보기만
했다. 침묵 속에서 함께 사냥할 뿐이었고 소년은 계속 외삼촌의 모습을
관찰할 뿐이었다.

그러나 외삼촌은 훌륭한 스승이었다. 외삼촌은 소년이 매우 영리하고 약빠르다는 걸 알았다. 오래지 않아 소년은 알아서 외삼촌을 따라 했고 실제 사냥에도 도움을 주기 시작했다. 소년은 사냥을 하지 않을 때도 외삼촌의 행동을 지켜보았다. 사냥을 준비하거나 계획을 세우는 방법 등도 면밀히 살폈다. 사냥 무기나 관련 장비도 관찰했다.

3년이 흘렀을까. 외삼촌과 소년, 그 두 사람은 마을에서 가장 훌륭한 사냥꾼으로 유명해졌다. 리더와 팔로워의 관계가 아닌 파트너로서 함께 했다. 말없이 각자 사냥에서 해야 할 일을 했고 혼자일 때보다 함께 시너지 효과를 냈다. 소년은 날이 갈수록 자신감, 기술, 체력을 키워 갔고, 외삼촌은 그의 가능성을 알아보았다. 소년이 골짜기 마을 사람들의 리더가 되리라는 것을 말이다.

찰스 만츠의 《슈퍼 리더십》에 나오는 이야기다. 부모로서 당신의 자녀가 훌륭한 '사냥꾼'으로 성장하기를 바란다면 아버지인 당신은 그에게 '본(本)'이자 하나의 역할 모델이 되어야 한다.

사람은 앞서 가는 사람의 뒷모습을 보며 자란다. 이 점에서 아버지의 역할은 매우 중요하다. 자녀들의 성장에 있어 푯대가 되는 뒷모습의 주인공이 아버지다. 물론 뒷모습은 긍정적인 모습일 수도 부정적인 모습일 수도 있다. "나는 절대로 아버지처럼 살지 않겠어요!"라고 외치던 자녀들도 어느새 자라 그토록 닮지 않겠다던 아버지의 모습을 조금씩 닮아 있지 않은가. 청출어람이청어람(靑出於藍而靑於藍)은 청색이 쪽(藍)에서 나왔지만 쪽빛보다 더 푸르다는 말이다. 사실 생각해 보면 청색은 쪽빛을 벗어날 수 없고 온전히 쪽빛에 따라 그 푸름이 정해진다고도 볼 수 있다. 때문에 더 푸르른 청색의 자녀들을 키워 내고자 한다면 아버지 스스로 코치, 스승, 역할 모델로서 진하고 푸른 쪽빛을 보여 주면 된다.

자녀들은 어머니, 아버지를 닮아 간다. 바로 동일시 과정이다. 어머니의 손동작, 아버지의 발걸음을 따라 하던 아이는 어느새 어머니, 아버지를 빼닮은 작은 어머니, 작은 아버지가 되어 있다.

어린이들은 커 가면서 자기 부모와 비슷한 많은 태도와 행동 패턴을 습득한다. 걸음걸이, 말투, 표정 등의 외적인 특징부터 부모의 가치관, 도덕관, 세계관, 인간관 등 여러 가지를 닮게 된다. 아버지가 앞서 걷는 모습은 매우 중요하다. 그 뒷모습이 바로 자녀들의 거울이다. 아버지는 자녀의 코치이자 스승 그리고 역할 모델이라는 사실을 잊지 말자.

선택의 고비마다
토론하고 설득하고
설득당하라

둘째 딸이 고등학교 2학년 겨울 방학을 앞두고 있던 무렵이었다. 갑자기 아내에게서 전화가 왔다.

"여보. 큰일 났어요. 막내가 집을 나갔어요. 학교도 안 갔대요."

"일단 집으로 갈게."

저녁 일정을 취소하고 부랴부랴 집으로 갔다. 아내와 함께 학교에도 연락하고 아이의 친구들에게도 수소문하고 온갖 소란을 다 피웠다. 밤 아홉 시가 지나고 열 시가 넘어도 아이는 감감 무소식이었다. 초조해진 내가 아내에게 물었다.

"애가 아침에 나갈 때 책가방은 들고 나갔나?"

"가방은 들고 가긴 했는데… 뭐 어디다 맡겨 놓고 갔겠죠."

그때 대학생 언니가 끼어들었다.

"너무 걱정 마세요. 때 되면 들어올 거예요. 저도 왕년에 나가봤는데… 갈 데가 없더라고요. 오늘 또 치킨 먹게 생겼네."

바로 그때 "딩동!" 하는 소리와 함께 막내딸의 목소리가 들렸다. 온 식구들의 얼굴이 환해졌다. 어떻게 아셨는지 할아버지와 할머니도 나오셔서 막내를 안고 머리를 쓰다듬으셨다. 잠시 후 치킨이 도착했고 청문회가 시작되었다.

"그래. 어디 갔다 왔니?"

"바다를 보고 왔어요. 시외버스 타고."

"거긴 왜?"

"생각 좀 하려고요. 지난번에 인문계를 선택한 건 아빠에게 설득 아닌 설득, 실제로는 강요를 당한 것이지 제 선택이 아니었어요."

"그래서?"

"예체능으로 바꿀 거예요. 오늘 바닷가에서 파도가 제게 들려준 소리가 연극이거든요. 연극, 연극영화과… 그게 제게 어울리는 단어죠."

이야기는 계속 이어졌다. 돈이 많이 들어서 안 된다는 걸 선택의 기준으로 삼으라니 부모님께 실망이다, 연예인이 되고 싶어도 아버지 지갑으로는 연극영화과를 지원해 줄 수 없다 등등 모두 활발하게 자기 의견을 말했다. 결국 그날은 의견이 좁혀지지 않았다. 막내의 고집으로 '치킨 토론'은 수도 없이 반복되었고 막내는 온갖 기발한 자료와 논거를 들이댔다. 결국 모두 막내의 의견에 손을 들어 주었다. 끊임없는 대화와 소통을 통해 막내딸의 주장에도 일리가 있다고 인정한 것이다.

자녀들은 자라며 마음속에 서로 다른 종류의 어머니, 아버지를 지니고 살아간다고 한다. 첫 번째 부모는 '좋아하는 부모'다. 어린 시절에는 좋아하는 어머니, 아버지밖에 없다. 그래서 아이들은 '이 세상에서 우리 엄마가 제일 예쁘고 우리 아빠가 가장 힘이 세다.'라고 생각한다. 그러나 아이들은 자란다. 자기 부모님이 최고인 줄 알았는데 집 밖에 나가 보니 더 예쁜 어머니도 많고 더 힘센 아버지들도 많다는 것을 알게 된다. 사회화가 진행되면서 자녀들의 마음속에는 이제껏 사랑해 온 부모와는 다른 부모가 생기기 시작한다. 두 번째 부모인 '싫어하는 부모'다.

그렇게 예쁘던 아이가 말을 듣지 않기 시작한다. 미운 일곱 살이 된 것이다. 미운 일곱 살은 곧 청소년기로 이어진다. 사회화 과정 중에 아이들은 모두 한번쯤은 고아 환상을 경험하는데, 나쁜 부모와 핍박받는 고아로 나타나는 부모 자식간 갈등 상황은 지극히 자연스러운 발달 과정이다. 아이들이 부모의 좋은 점만 볼 수 있다면 부모에게서 독립할 필요도 느끼지 못할뿐더러 결국 독립도 하지 못한다. 좋은 부모에게서 왜 떠나려 하겠는가? 떠나지 못하는 아이들은 흔히 말하는 마마보이, 마마걸이 되고 만다.

펜실베니아주립대학교의 심리학자 N. 달링 박사는 10대에 부모와의 논쟁은 보편적인 것이고, 논쟁을 통해 부모에 대한 이해가 깊어지고 부모 자녀 관계가 공고해진다고 보고했다. 부모의 바람직하지 못한 면을 볼 수 있는 아이는 못마땅함을 극복하면서 부모를 넘어선, 부모를 능가하는 성인으로 성숙해진다. 모든 부모의 소망인 나보다 괜찮은 자식이 탄생하게 되는 것이다.

때문에 아버지의 역할은 자녀들과 토론하고 설득하고 설득당하는 것
이다. 때로는 자녀들의 팬으로서 지지와 격려, 응원을 보내고 때로는 자
녀와의 논쟁도 해야 한다. 또 어떤 때는 설득하기도 하고 자식 이기는 부
모가 없듯 설득당해야 한다. 이런 과정을 겪으며 자녀들과 아버지의 관
계는 더 강화된다. 마라톤의 '페이스메이커'처럼 아버지는 자녀들의 '생
각 파트너'이기 때문이다.

평생 목자가 될
한 명의 멘토를
따르게 하라

　　일본 만화 《마스터 키튼》의 주인공 키튼은 고고학을 전공한 유능한 보험 조사원이다. 그러나 그의 필생의 목표, 궁극적 목표는 '인생의 달인'이 되는 것이다. 인생의 달인… 생각해 보면 지금까지 우리는 삶의 궁극적인 목적이 행복 추구에 있음에도 직업의 달인, 인간관계의 달인, 재테크의 달인, 커뮤니케이션의 달인 등 수단으로서의 달인이 되는 데만 주력해 왔다. 정작 우리 스스로 인생의 달인, 행복의 달인이 되고자 하는 노력에는 적극적인 관심을 갖지 못했다.

　　물론 이에 대해 많은 사람들이 항변할 수 있다. 시대적으로, 환경적으로 그렇게 고민하고 노력할 수 없는 한계는 사람마다 다르기 때문이다. 하지만 자녀들이 행복한 인생을 영위할 수 있도록 돕는 조력자가 되고 싶다면 아버지는 스스로가 인생의 달인이 되어 역할 모델을 제시해 주거나, 아니면 다른 인생의 선배, 삶의 달인들을 통해 자녀의 성장을 도와야 한다. 그 사람이 바로 멘토다. 한 인터뷰 기사를 보자.

1986년 겨울, 조수미는 카라얀과 첫 만남을 가졌다. 그녀의 노래를 들은 카라얀은 놀라움을 금치 못했다. 어디서 공부했냐는 카라얀의 질문에 조수미는 로마의 산타체칠리아 음악원을 얘기했다. 카라얀이 그전에는 어디서 공부했냐고 재차 묻자 조수미는 이렇게 대답했다고 한다.

"한국의 서울이라고 했죠. 카라얀은 더욱 더 놀라더군요. 제 노래의 기초는 선화예고 시절에는 유병무 선생님, 그리고 서울대 음대 시절에는 이경숙 교수님이 닦아 주셨습니다."

유병무 선생은 조수미에게 합창의 아름다움을 일깨웠다. 조수미는 학창 시절부터 솔리스트로 활동했다. 동시에 그는 음악적 감수성이 가장 예민했던 시기에 친구들과 함께 노래했다. 소중한 경험이었다. 그는 "유병무 선생님에게 합창 단원으로서의 책임감과 리더십, 그리고 서로를 배려하는 '눈치'를 배웠다."라고 말했다.

서울대 이경숙 교수는 고3 시절 레슨을 받으며 처음 만난 은사다. 당대 최고의 소프라노로, 그는 조수미의 음악 인생을 이끌었다. 이 교수는 조수미가 세계 정상의 성악가로 성장할 가능성을 일찍부터 예감했다. 서울대 1년을 마친 조수미에게 이탈리아 유학을 권유하고 성사시킨 배경에도 이 교수의 선견지명이 있었다.

조수미는 서울대 음대에 수석으로 합격했으나 재학 시절 연애에 열중하다가 과락을 면치 못하고 있었다. 이 교수의 도움으로 조수미는 이탈리아로 건너가 새로운 도전을 시작했다. 5년 과정의 산타체칠리아 음악원을 단 2년 만에 마친 그녀는 아레나 디 베로나 콩쿠르에서 우승하는 등 무수한 콩쿠르를 석권했다. 그리고 비로소 음악계의 거장 카라얀을 만났다. 이후 그녀의 인생은 완전히 바뀌었다.

조수미의 잠재력을 발견한 카라얀은 "그녀의 목소리는 신이 주신 최고의 선물이다."라고 극찬하며 그녀를 늘 곁에 두고 가르쳤다. 카라얀은 조수미를 세계적인 프리마돈나로 성장시켰다. 세계 음악계의 황제로 군림하던 베를린 필의 지휘자 카라얀. 그는 그렇게 조수미를 발탁, 단숨에 세계 최정상의 무대에 올려놓았다. 1987년 카라얀은 도밍고, 빈 필하모닉 오케스트라와 함께한 베르디의 오페라 〈가면 무도회〉에 조수미를 내보냈고, 이는 음반을 통해 전 세계로 팔려 나가며 그녀를 알렸다. 비록 카라얀은 그 후 얼마 지나지 않은 1989년 세상을 떠났지만 조수미는 1988년 밀라노 라 스칼라, 1989년 뉴욕 메트로폴리탄, 1991년 런던 코벤트가든, 1993년 파리 바스티유 등 세계 최고의 오페라 극장 무대를 밟아 나갔다.

카라얀은 조수미를 옆에 앉히고 음악이나 연출에 관한 의견을 묻기도 했으며, 무대 의상, 분장 등 세세한 부분까지 조언을 아끼지 않았다. 음악적인 작은 기교, 연기 도중 몸을 돌리는 동작이나 손짓 등 연기법까지 열정적으로 가르쳤다. 마치 손녀처럼 그녀를 아끼며 음악가로서의 미래는 물론 그녀의 일상생활에도 관심을 가져 주었다.

인생이라는 여행을 성공적으로 마치기 위해서는 가이드가 필요하다. 이제 겨우 걸음마를 떼고 낯선 여행지에서 어디로 가야 할지 어떻게 여행을 해야 하는지에 대해 고민하는 우리의 자녀들. 그 아이들에게 이 여행의 아름다움과 재미, 의미를 느끼게 하는 지혜를 가르칠 여행의 가이드, 조력자가 필요하다. 조수미에게 카라얀이 있었듯 헬렌 켈러에게 설리반이 있었듯 자녀의 인생에는 그 성장의 단계와 고민의 단계마다 행복한 인생의 달인, 멘토가 필요하다.

리더로 키우려면
스포츠맨십, 팀플레이를
가르쳐라

미국 콜로라도주의 아티스트, 바비 칼라일은
재미난 조각상을 만들어 냈다. 바로 '셀프메이드 맨(self-made man)'이란
이름의 작품이다. 셀프메이드 맨이란 자수성가를 뜻하는 말로, 이 작품
은 스스로 망치와 정을 들고 완벽한 자신을 만들어 가는 자, 스스로의 힘
으로 성공하는 자를 표현하고 있다.

그러나 가만히 생각해 보면 셀프메이드 맨이라는 개념에는 모순이 존
재한다. 어떻게 그는 대리석 덩어리에서 정과 망치를 얻을 수 있었을까?
자신을 조각하는 손은 어떻게 만들 수 있었을까?

셀프메이드 맨이란 작품은 역설적으로 셀프메이드 맨이 세상에 존재
하지 않음을 일깨워 주는 게 아닐까 싶다. 사실 세상에 자수성가란 말은
있을 수 없다. 사람은 누구나 부모로부터 세상에 나왔고 부모의 보살핌

과 사랑 속에서 성장하게 된다. 제품과 서비스를 구매하는 사람들로 인해 기업과 일자리가 존재할 수 있으며, 또 반대로 기업으로 인해 필요한 물품을 사용할 수 있다. 다른 사람들이 쌓아놓은 지식을 통해 우리는 세상에 필요한 지혜를 얻었으며, 나를 칭찬해 주고 격려해 주며 후원하는 사람들에 의해 우리는 지금의 위치로 올라설 수 있었다. 그게 어느 자리이든 말이다.

인간은 절대 혼자 설 수 없는 존재다. 사람을 뜻하는 한자 인(人)을 보자. 사람과 사람이 서로 기대고 있는 모양을 본떠 만들었다. 인간은 철저히 사회적인 존재이자 영향력을 주고받는 존재, 보이지 않는 끈으로 연결된 존재라는 뜻이다. 자녀들이 세상과 함께 호흡하고 세상과 영향력을 주고받는 과정을 통하여 인격과 기품이 성숙되고 성장하기를 바란다면, 스포츠맨십과 팀플레이를 배우게 해야 한다. 인생 게임은 혼자만의 승리를 허락하지 않는다. 인생은 언제나 팀으로 움직이는 게임이기 때문이다.

예일대학교 교수이자 미국의 대표적인 역사학자였던 조지 버튼 애덤스는 "자수성가한 사람이더라도 사실은 혼자 힘으로 성공한 것이 아니다."라고 말한다. 작은 친절을 베풀어 준 사람, 한마디 격려의 말을 건네준 사람… 그런 모든 사람들에게 도움을 받지 않았다면 세상 그 누구도 성공을 거둘 수 없었을 것이기 때문이다.

한편 농구 스타 마이클 조던도 말했다. "눈부신 스타 선수를 데리고 있으면서도 한 번도 이기지 못한 팀이 많이 있는데 그것은 스타 선수들이 팀의 승리를 위해 자신을 희생하지 않기 때문이다. 문제는 그 스타 역시 개인적 목표를 온전히 성취하지 못한다. 오히려 자신을 희생하려는 스타는 팀도 살리고 자신도 살린다."라고. 스포츠맨십과 팀플레이가 왜 중요한지 하버드대학교 지원자의 에세이 속에서 발견할 수 있다.

"체육관에 들어서면 특유의 냄새가 납니다. 바깥세상과 차단되어 긴장감과 스릴이 넘치는 색다른 분위기가 느껴집니다. 마룻바닥에서 나는 니스 냄새, 삐거덕거리며 바닥에 마찰되는 고무 밑창 냄새, 후끈거리는 땀 냄새가 진동합니다. 농구는 이루 말로 표현하지 못할 만큼의 매력을 갖고 있습니다. 매일매일 코트에 가지 않고는 못 견디게 만듭니다.

선수에서 선수의 손으로 물 흐르듯이 흘러가는 공의 흐름을 통해 농구 팀은 한 몸이 된 듯 친밀함을 느낍니다. 수비수들의 틈을 이리저리 헤치며 움직이는 공격진의 기민함, 그 의외성, 그 힘 그리고 바스켓을 향한 어프로치와 도약, 골대에 공을 살짝 올려놓고 내려오는 그 부드러운 동작…. 세상엔 그보다 더 우아한 인간의 모습은 없습니다.

코트를 가로질러 눈빛을 주고받으며 팀 동료가 무엇을 하려고 하는지를 한순간에 포착하는 것, 그런 말 없는 커뮤니케이션을 통해 모두의 의지가 모여서 자기 자신과 팀 동료들의 열기가 서로 상승 작용하는 과정, 그렇게 해서 이미 기울었던 게임을 순식간에 역전시킬 때의 짜릿함, 이것이 바로 농구의 가장 매력적인 측면입니다.

같은 팀의 멤버들끼리 자기들만 아는 신호를 주고받으며 때로는 전진하고 후퇴하고, 정지했다 도약했다 회전했다 모이기도 하고 흩어지기도 하며 역동적으로 움직입니다. 거듭 함성을 지르며 공격자를 막아 내고 수비수를 격파하면서, 걸려 넘어지고 심판 몰래 주먹으로 얻어맞고 밀어 제치고 떠밀립니다."

그 어떤 스포츠에서도 그런 투박하고 즉각적인 팀워크를 느낄 수 없다는 것이 농구 마니아들의 주장이다. 그 설명할 수 없는 감정의 격한 흐름은 무엇에도 비길 수 없다고 한다. 농구에서 경험할 수 있는 팀워크는 함께 토론을 벌이거나, 무언가를 설계하거나, 머리를 맞대고 친밀해질 수 있는 방도를 짜낸다고 해서 생겨날 수 없다는 것. 손바닥을 마주치고 군중으로 가득 찬 코트에서 서로 눈빛을 교환하고, 의미심장한 미소를 나누는 과정에서 팀워크가 생긴다는 것이다. 그것이 바로 마니아들이 매일 코트에 서지 않고는 배길 수 없는 이유다.

아무리 일류 대학을 졸업하고 남들이 부러워하는 직장에 취직을 해도 농구나 축구, 소프트볼, 아이스하키, 라크로스 같은 팀 스포츠 마니아들이 코트에서 배우는 팀플레이 정신과 팀플레이 운영 노하우를 몸에 익히지 못한 사람은 결국 남을 인정하고 남에게 인정을 받는 일에 실패해 외톨이 신세가 되기 쉽다. 제아무리 명문대를 나와도 '리더십이 없는 사람, 팀워크를 체득하지 못한 사람, 땀 흘리며 강렬한 승부 근성을 불태우는 열정이 없는 사람'을 문전박대 하는 것이 오늘날의 사회다.

오늘날 세계를 리드하는 인재를 가장 많이 길러 내고 있는 미국의 학교들은 한 학기는 농구, 다음 학기엔 야구, 그다음엔 소프트볼, 미식축구… 하는 식으로 모든 학생들이 매 학기마다 한 가지 팀 스포츠를 의무적으로 하도록 시킨다. 그런 팀 스포츠 활동 실적은 대학 진학 때에도 반영된다. 물론 달리기나 수영, 체조 같은 개인 종목도 장려하지만 그런 종목들은 저학년 때 필수 과목으로 마치게 하고, 고학년으로 올라갈수록 팀 스포츠를 더 강조한다. 이렇듯 팀 스포츠에 역점을 두는 것은 단순한 신체 단련에서 한 걸음 더 나아가 팀플레이를 통한 인격적 성숙을 도모하기 위함이다.

팀플레이는 어시스트의 멋과 가치를 알게 해 준다. 자기만 보는 것이 아니고 남도 볼 줄 아는 시야를 열어 주는 동시에 남의 존재를 인정하는 아량을 길러 준다. 골을 넣은 다음 하이파이브를 나누는 순간, 개인적 성취보다 팀의 성취가 얼마나 더 아름답고 소중한 것인지를 터득하게 해 준다. 또한 머릿속으로만 협동과 우애를 생각하는 것이 아니라 반복적인 동작을 통해 팀플레이가 몸속에 배게 한다. 그렇게 함으로써 내면세계와 실제 행동이 일치하는 체질이 굳어진다.

팀 동료가 보내는 은밀한 암호를 해독하고 수비수의 틈을 헤집으며 얻어맞고 밀어붙이고 넘어지고 다치면서, 때로는 다 이겼던 경기에서 지고 누가 봐도 지던 경기를 뒤집어 이기는 등의 경험을 쌓아 가면서 세상을 사는 지혜를 터득한다. 혼자서는 도저히 뚫지 못했던 수비의 벽을, 팀워크로 무너뜨리는 순간 '더불어 사는 정신'이 몸속에 녹아 들어간다.

팀을 위해 언제라도 자기 몸을 날리고 자발적으로 도우며 빈틈을 메우고, 자기는 아웃을 당하더라도 팀의 승리를 위해 기꺼이 헌신하고, 고맙거나 미안하다고 연신 하이파이브를 나누는 과정을 통해 남에게 받아들여지는 법과 남을 받아들이는 법을 배우는 것이다.

아름답고 격렬한 힘이 묻어나는 사람들, 내면세계와 실제 행동이 일치하는 사람들, 타인과의 상호 작용을 통해 자신의 행동을 온전하게 가다듬는 사람들, 모두와 더불어 꿈을 현실로 만들어 가는 행동파의 사람들이 리더가 되는 시대가 왔다.

스포츠 활동으로 자녀들을 단련시켜라. 이왕이면 혼자 하는 운동이 아닌 농구, 야구, 축구, 하키, 풋볼, 카누 같은 팀으로 하는 운동이 좋다. 스포츠는 당신의 자녀가 영향력의 중심에서 세상을 리드하는 사람으로 성장할 수 있도록 도와준다.

"눈부신 실패를 하는 사람에게는 상금을 주고
평범한 성공을 거둔 사람에게는 처벌을 주겠다."
어떤 CEO의 말처럼 아이의 '눈부신 실패'를 칭찬해 주자.
아빠는 아이에게 다시 일어서는 힘을 주는 존재다.

아빠, 다시 일어서는 힘이 되다

 노만 빈센트 필 목사는 가정의 가치를 담은 잡지를 만들고 있었다. 열악한 환경 속에서도 10호까지 발행했다. 그런데 갑자기 인쇄소에서 그동안 밀린 돈을 지불하지 않으면 잡지 인쇄를 중지하겠다고 통보해 왔다. 이때 필 목사의 아버지가 아들의 사무실을 방문했다. 직원들은 대부분 '자금만 있으면 어떻게 해 볼 텐데.' 식의 방안을 내놓고 있었다. 이를 본 필 목사의 아버지가 말했다.

"지금 가장 문제가 되는 것은 '…가 없다'라는 부정적 생각입니다. 눈앞에 닥친 문제만 신경 쓰고 있습니다. 우리가 의미 있는 잡지를 만들고 있는 것이 얼마나 멋집니까! 여러분의 말에서는 '자부심'이 느껴지지 않습니다."

최악의 상황에서도 긍정적인 생각을 갖자던 필 목사의 아버지 덕분일까. 현재 이 잡지는 전 세계 각국에서 발행되는 잡지로 성장해 승승장구하고 있다. 바로 《가이드 포스트》다.

지지하고
격려하고
응원하라

노만 빈센트 필 목사는 급격하게 붕괴되어 가는 미국의 가정을 안타깝게 여겼다. 그래서 그는 부부간 또는 부모와 자식 사이의 가치를 되새겨 보는 잡지를 창간하기로 결심했다. 그는 뉴욕 주 폴링의 식료품점 2층에 사무실을 차리고 중고 탁자와 의자, 빌려 온 타자기 등으로 사무실을 꾸몄다. 친구에게 돈을 빌려 약간의 운영 자금을 마련한 다음 잡지의 창간 계획을 본격적으로 추진했다.

1945년 발간된 창간호는 4페이지의 소책자로 초라하기 그지없었다. 매호 인쇄할 때마다 난감한 문제가 생겼다. 독자 2천 명에게 책을 보내야 했는데 매번 우편 비용이 부족했다. 잡지를 발간하는 비용도 모자란데 우편 비용까지는 너무 큰 부담이었다.

열악한 환경 속에서도 무보수로 일해 준 직원들 덕분에 꾸준히 잡지를 발행할 수 있었다. 그런데 그때 갑자기 사무실에 화재 사고가 발생했다. 모든 서류와 비품이 재가 되어 버렸다. 다행히 후원자들의 도움으로 잡지를 다시 만들 수 있었지만 열 달 후 또다시 문제가 생겼다. 그동안 밀린 돈을 지불하지 않으면 잡지 인쇄를 중지하겠다는 인쇄소의 통보를 받은 것이다.

이때 필 목사의 아버지가 아들의 사무실을 방문했다. 아버지는 사무실 직원들에게 각자가 생각하는 해결책을 종이에 써 보자고 제안했다. 직원들은 대부분 '자금만 있으면 어떻게 해 볼 텐데.' 식의 방안을 내놓았다. 이를 본 필 목사의 아버지가 말했다.

"지금 가장 문제가 되는 것은 '…가 없다'라는 부정적 생각을 하고 있는 것입니다. 지금 여러분 모두의 사고방식은 무척이나 부정적입니다. 잡지의 장래성에 대해서는 생각해 보지도 않고 눈앞에 닥친 문제에만 신경을 곤두세우고 있습니다. 지금 우리가 의미 있는 잡지를 만들고 있는 게 얼마나 멋집니까! 잡지를 기대하며 기다리는 독자가 얼마나 많습니까. 그런데도 여러분이 지금 한 말에서는 그런 '자부심'이 전혀 느껴지지 않습니다."

필 목사의 아버지는 곧장 인쇄소에 밀린 비용을 지불했다. 잡지는 다시 발간되었고 이제는 24페이지짜리 완전한 형태를 갖추었다. 정기 구독자도 달마다 늘어났다.

최악의 상황에서도 긍정적인 생각을 갖자는 필 목사의 아버지. 그의 격려 한마디는 잡지 편집자들에게 좌절하지 않는 용기를 북돋아 주었다. 현재 이 잡지사의 본사는 뉴욕의 하멜에 있고, 6만 평의 공간에서 115명

236

의 편집자가 일하고 있다. 또한 전 세계 주요 각국에서 발행되고 있다. 이 잡지가 바로 《가이드 포스트》다. 발행인 노만 빈센트 필 목사는 말했다. "내 인생에서 진정 무엇이 필요한지를 생생하게 가르쳐 준 분은 아버지였다"고. 아버지의 격려와 지지, 그리고 응원은 자녀들이 역경과 고난을 극복하고 꿈을 펼쳐 내는 데 큰 힘이 된다.

세계적인 고고학자 슐리만 박사는 여덟 살 때 아버지에게 트로이가 불타는 모습이 담긴 그림책 한 권을 선물 받았다. 그가 아버지에게 "아빠, 내가 자라서 트로이의 유물을 찾아내겠어요."라고 말하자 그의 아버지는 "그래. 그것 참 대단한데? 잘 생각했다."라고 지지해 주었다. 훗날 저명한 고고학자가 된 그는 터키 북서쪽 언덕에서 찬란한 에게 문명의 실존인 트로이의 유적을 발굴해 냈다.

조선일보가 2012 · 2013학년도 명문대 입학생 100명을 대상으로 한 조사 결과, 수험생들이 부모에게서 받은 도움 중 가장 유익했던 것에 대해 대부분이 부모의 격려와 칭찬, 응원이라고 답했다.

부모의 지지와 격려를 많이 받고 자란 자녀는 성인이 되어 부정적인 상황에 부딪히더라도 긍정적으로 대처하며 삶을 적극적으로 살아간다. 반면 비난이나 질책을 받고 자라난 아이는 좌절하거나 우울증으로 발전하는 경우가 많다. 부모가 자녀에게 해 줄 수 있는 최고의 선물은 따뜻한 신뢰가 담긴 말 한마디다. 부모의 적극적인 지지와 따뜻한 격려가 자녀의 자존감을 높이고 강력한 삶의 에너지로 작용함을 기억하라.

결과 목표가 아닌
노력 목표에
집중시켜라

　　지난 2013년 7월 1일 한국 프로야구 정규 리그 타격 순위를 보면 SK 와이번스의 최정 선수가 3할 3푼 3리의 타율로 1위, KIA 타이거즈의 김선빈 선수가 3할 2푼 3리로 2위, 삼성 라이온즈의 배영섭 선수와 롯데 자이언츠의 손아섭 선수가 3할 2푼 2리로 공동 3위 그리고 LG 트윈스의 정의윤 선수가 3할 2푼으로 5위를 달리고 있었다. 이렇게 프로야구 최정상 선수들의 타율은 35퍼센트를 넘지 못한다. 밥 먹고 잠자는 시간 이외의 모든 시간을 야구 연습에만 쓰는 프로 선수라고 할지라도 10번에 3번 안타를 치는 것도 어려운 일이라는 것을 알 수 있다.

　　자녀가 꿈과 비전을 추구할 때 이 자료에 주목하자. 자녀들이 꿈과 비전을 삶 속에서 이루기 위해 세운 목표도 이와 매한가지라고 할 수 있다.

목표를 35퍼센트 달성한다는 것은 굉장한 성공이다. 이 결과에 대해 '나는 35점짜리 인생이다'라고 섣불리 판단하면 안 된다. 만약 그 목표를 세우지 않았더라면 35퍼센트도 성취하지 못했을 것이다. 그것이 우리가 목표를 설정하는 이유다.

목표는 하나의 이상이다. 그리고 이상은 현실이 아니다. 모든 목표를 반드시 100퍼센트 달성해야 한다는 생각을 버리자. 야구와 마찬가지로 35퍼센트만 달성해도 최고점이라 할 수 있다. 시작이 반이라고 하니 50퍼센트를 미리 더하고 가도 좋다.

이때 중요한 것은 결과보다 과정이다. 예를 들면 목표 점수가 90점일 때 충분히 노력하고 85점을 받은 학생과 별다른 노력 없이 95점을 받은 학생이 있다고 치자. 과연 95점을 받은 학생이 더 잘했다고 할 수 있을까? 물론 85점을 받은 학생의 경우 공부 방법이나 다른 문제점을 찾아 개선할 여지가 있다. 점수로만 보면 95점 받은 학생이 더 잘했지만 무엇보다 중요한 것은 노력한 과정이다.

어른이 된 딸이 중학교 때를 되돌아보며 쓴 글이다.

"기말고사 평균 성적이 지난번 시험보다 올랐다. 어머니의 반응은 단순히 잘했다 못했다 하는 말이 아니었다. "평균이 올랐네? 축하해. 수학 실력을 높이겠다는 너의 목표를 달성했다는 점에서 참 잘했구나. 그런데 영어는 오히려 점수가 많이 떨어졌구나. 이 부분에 대해 어떻게 생각하니?"였다. 여느 친구네 부모님과는 달랐다. 무조건 잘했다고 선물을 사주거나 하지 않으셨고, 나 역시 기대하지 않았다.

항상 구체적으로 칭찬을 해 주시거나 조언을 해 주셨다. 성적이 올랐을 때나 떨어졌을 때나 반응은 한결같았다. 내가 스스로 세운 목표를 어떤 노력으로 얼마나 달성했는지가 칭찬의 포인트였다.

구체적인 칭찬을 받으면 나도 모르게 마음속에서 열정이 마구 솟아서 곧장 그다음 목표와 계획을 세우곤 했다. 부모님의 강요가 아닌 스스로의 열정으로 나를 채근하게 되었다. 누군가의 칭찬을 받기 위해서가 아니었기에, 어머니나 다른 사람들의 평가에 의해 나의 노력이 좌우되지 않았다. 단기적인 그리고 가시적인 보상이 없어도 쉽게 포기하지 않았다. 구체적인 칭찬의 힘이었다.”[41]

학교 성적도, 악기나 수영 연습도 마찬가지였다. 몇 점, 몇 등을 했다는 것은 중요하지 않다. 얼마나 노력했는지가 가장 중요하다. 나는 몇 시간, 몇 페이지, 몇 킬로미터를 노력하겠다는 식으로 목표를 세우게 했다. 결과 목표가 아닌 노력 목표를 세우는 것이다. 과정을 지배하면 결과는 자연스럽게 따라온다.

자녀가 시험을 망쳤거나 대회에서 입상하지 못했다고 해도 그 결과보다 ‘노력’을 칭찬하고 방법을 개선하도록 방향을 이끌어 줘야 한다. 노력에 집중하는 것이 바로 상처받은 꿈을 회복시켜 주는 현명한 방법이다.

책임을 지는
연습을
하게 하라

꿈을 향해 나아가는 것은 끝없는 선택의 연속이다. 하지만 모든 선택이 항상 최선의 것이 될 수는 없다. 때로는 미처 생각하지 못한 여러 가지 이유로 실수할 수도 있다.

중요한 것은 실수 자체가 아니라 실수를 인정하는 자세다. 잘못된 선택을 했다면 정직하게 인정하자. 잘못을 인정한 다음 결과를 받아들이는 연습을 하자. "난 오늘 학교에 지각했어. 선생님께서 그 벌로 일주일 동안 운동장 청소를 하라고 시키셨어." 이런 상황이라면 일주일 동안 청소를 착실히 마치며 책임을 다해야 한다.

잘못된 선택으로 나쁜 결과가 초래되었을 경우 그 상황 내에서 긍정적으로 행동하는 것이 중요하다. "난 그 가게에서 내가 훔친 CD 값을 낼 거야. 난 다신 그러지 않을 거야. 이제부터라도 노력해서 열아홉 살이 되기 전까지는 전과를 없앨 거야." 이것이 책임지는 것이다.

'실패가 자본이다'라는 말이 있다. 용돈을 계획 없이 써서 곤란한 일을 겪었다면 "앞으로는 돈에 대한 생각을 바꿀 거야. 내가 원하는 것을 사고도 남을 만큼 돈이 모이면 그때 원하는 걸 살 거야."라고 새로운 결심을 할 수도 있다. 잘못된 선택으로부터 교훈을 얻는다면 오히려 전화위복이 되는 것이다. 이 같은 과정을 거치다 보면 자신도 모르는 사이 다음번에는 더 나은 선택을 할 수 있게 된다.

당신의 아들이 야구 선수라고 가정해 보자. 그가 타석에서 투수를 응시할 때 이미 공이 투수의 손을 떠나 그에게 날아오고 있다면? 그가 스윙을 하지 않는다면 그는 아웃당하고 팀은 경기에서 지게 될 것이다. 이것은 그의 책임이다. 하지만 그가 공을 제대로 치지 못했더라도 최선을 다해 스윙을 했다면 그가 아웃당한 것은 크게 문제되지 않는다. 최선의 스윙이 항상 최선의 타격이 되는 것은 아니기 때문이다.

당신의 아들이 야구 선수가 되겠다는 선택을 했다면 그는 팀의 선수로서 책임도 함께 받아들여야 한다. 그는 정해진 유니폼을 입고 연습에 빠지지 않으며, 코치의 말에 잘 따르고 시합 땐 정시에 나오고, 스포츠맨십을 발휘해 팀의 승리를 위해 노력하겠다고 약속한 것이다. 심지어 주장이라면 한 사람의 선수로서의 책임뿐 아니라 팀의 모든 활동과 성적에 대해서도 책임져야 한다.

당신의 아들이 삼진 아웃을 당했다고 하자. 투수, 방망이, 타격 코치, 팀 동료 또는 불운을 탓하는 것은 책임지는 것이 아니다. 대신 다음엔 좀 더 잘하겠다는 결의 아래 백 번이고 천 번이고 스윙 연습을 하는 것이 바로 책임지는 것이다. 그런 연습의 결과가 안타로 이어질지 홈런으로 이어질지 아웃당할지는 모를 일이다. 하지만 마음속으로 결심하고 최선을 다해 연습하며 타자로서 본분을 다하는 것이, 책임을 지는 올바른 자세다.

꿈을 이루기 위해서는 책임을 다하는 자세가 필요하다. 다른 사람과의 약속을 지키는 책임, 사회적 약속이나 룰을 지키는 책임, 자기 자신과의 약속을 지켜야 할 책임… 그런 모든 책임을 제대로 감당할 줄 알아야 한다. 또한 잘못된 결과에 대해서도 정직하게 책임을 다하는 자세를 지녀야 한다. 책임지는 과정은 실수 또는 실패로 인한 상처를 근본적으로 회복하기 위한 탁월한 방법이다.

실패라는
'성공 자본'을
축하해 주어라

만약 농구 선수라면 아쉽게 골밑숫을 실수해 경기에서 졌을 경우 코트에 가서 슈팅 연습을 3천 개 또는 5천 개쯤은 해야 직성이 풀릴 수도 있다. 만약 노래 경연 대회에 나갔는데 예선에서 탈락하고 말았다면 같은 노래를 3천 번은 부르며 실패를 독약처럼 혐오하는 행동을 보일 수도 있다. 수학 시험을 망쳤다면 밤새 수학 문제 200개 정도는 풀고 나서야 비로소 잠이 올 수도 있다.

하지만 그 실패는 혐오 대상이 아니다. 실패를 인정하고 성장의 밑거름으로 삼는 태도가 무엇보다 중요하다. 실패는 '성공 자본'이다. 거듭된 실패는 아이를 눈부신 성공에 한 걸음 다가서게 만들 것이다.

아이들이 실수 또는 패배로 인해 힘들어할 때 아버지가 할 수 있는 일은 슈팅 연습을 하는 농구 코트에 나타나 지켜봐 주는 것이다. 수학 문제를 풀고 있는 아이의 등을 가볍게 두드려 주는 것이다. 연습실에 찾아가 노래하는 아이의 어깨를 툭툭 쳐 주고 오는 것이다. 자, 이제 성공의 대가를 멋지게 치루고 있는 아이들에게 '실패 축하 메시지'를 보내 주자.

"이번 실패로 실력이 한 단계 점프하게 된 것을 진심으로 축하한다."

성공의 대가는 수학의 절댓값과 같다. 절댓값은 어떤 실수에서 부호를 제거한 값을 말하는데 예를 들어 3과 −3의 절댓값은 둘 다 3이다. 즉 인생이란 무대 위에서 성공과 실패가 주는 절댓값은 결국 같다.

개그맨 김국진 씨가 한 강연에서 "인생은 롤러코스터지만 안전 바가 있기에 두려워하지 않아도 된다."고 얘기했듯 성공을 하든 실패를 하든 안전 바가 있기에 모든 도전은 절대값을 갖는다. 그러니 아이의 실패를 두려워하지 말고, 멋지게 축하해 주어라.

실패를
성공의 모멘텀으로
삼게 하라

　　물고기가 낚싯바늘에 걸리면 보통은 도망치려고 낚싯줄과 반대 방향으로 움직이는데, 그럴수록 낚싯바늘은 더욱 깊이 박힐 뿐이다. 낚시꾼은 줄을 풀었다 당겼다 하면서 물고기가 지쳐 쉽게 끌려올 때까지 그 게임을 즐긴다. 가끔씩 영리한 물고기는 이 게임에 말려들지 않기도 한다. 영리한 물고기는 오히려 낚시꾼이 있는 쪽으로 빠르게 헤엄침으로써 줄을 팽팽하게 만들지 않고 낚싯바늘에서 벗어날 기회를 노린다.

　　에디슨이 학교에서 퇴학당하자 그의 어머니는 아들을 다른 학교에 보내려 하거나 복학시키려고 하지 않았다. 영리한 물고기처럼 반대 방향으로 갔다. 홈스쿨링을 시작한 것이다. 학교 수업 대신 디트로이트 도서관

246

의 책을 다 읽게 하고, 여러 가지 경험을 통해 학교에서 배울 수 없는 것까지도 가르쳤다. 에디슨이 계속 학교에 다녔더라면 아마도 위대한 발명가가 되지 못했을 것이다. 공부 못한다고 구박만 듣고 괴상한 아이로 낙인찍혀 혼나기만 했을 게 뻔하다. 평범한 삶조차 누리지 못했을 수도 있다. 결국 학교에서의 실패를 역이용한 것이 그를 위대한 발명가로 만들어 주었다.

영국 작가 존 버니언이 《천로역정》이라는 세계적인 작품을 완성한 것은 그가 종교 재판을 받고 감옥에 갇혀 있을 때였다. 마찬가지로 명작 《마지막 잎새》를 남긴 미국의 작가 오 헨리 역시 감옥에서 자기 안에 있는 소설가로서의 재능을 발견했다. 비참한 죄수에서 위대한 작가로 변신한 것이다.

커다란 업적을 남긴 사람들도 비참한 처지에서 출발한 경우가 많다. 견디기 어려운 시련을 겪고 큰 꿈을 이룬 사람이 많다. 헬렌 켈러는 볼 수도 들을 수도 말할 수도 없는 시련 속에서 인류 역사의 한 페이지에 커다란 흔적을 남겼다. 《실낙원》을 쓴 존 밀턴 역시 시력을 잃어 앞을 보지 못하는 사람이었다. 그러나 그들은 시련을 실패로 생각하지 않고 힘든 상황 속에서도 자신의 간절한 꿈을 결코 포기하지 않았다.

한 소년이 어머니에게 양말을 선물했다. 그런데 어머니는 전혀 기뻐하지 않았고 되레 깜짝 놀라 화를 냈다.

"너 무슨 짓이니? 우리 퀘이커 교도들에게 이 색은 금지야!"

“네? 초록색이 왜 금지예요?”

“뭐? 이게 초록색이라고?”

놀란 어머니가 다그쳐 물었다.

“에구머니나. 이건 빨간색이잖아. 너 왜 그러니?”

소년은 더욱 어리둥절한 표정으로 어머니를 바라보았다. 소년과 어머니는 한참 동안 초록색이냐 빨간색이냐 하며 실랑이를 벌였다. 소년이 형을 불러왔다. 그런데 형 역시 초록색이라고 말하는 것이었다. 기가 막힌 어머니는 이웃들에게 양말을 보여 주었다. 그들은 하나같이 빨간색이라고 입을 모았다.

이 일로 고민하던 소년은 자신과 형이 색을 제대로 구별하지 못한다고 결론지었다. 그리고 자신처럼 눈에 이상이 있는 사람들이 더 있을 거라고 생각했다. 그 후 소년은 ‘색을 식별하는 능력’에 대해 수십 년간 수많은 조사와 연구 끝에 〈색맹(色盲)을 논함〉이라는 논문을 내놓았다. 오늘날 사람들은 그의 이름을 따서 적록색맹을 ‘돌터니즘’이라 부른다.

그가 바로 영국의 화학자이자 물리학자인 돌턴이다. 그는 원자론의 창시자이자 기상학의 대가로도 유명하지만, 아주 심한 색맹이어서 붉은 빛깔을 항상 녹색으로 봤다고 한다. 자신의 신체적인 약점을 성공의 계기로 삼아 실패를 성공으로 전환시킨 것이다. 색맹이라는 장애를 탐구 대상으로 삼고 끊임없이 연구에 매진했던 탐구자 돌턴. 그를 존경했던 맨체스터 시민들은 그가 살아 있을 때 기금을 모아 조각상을 세웠고, 그의 장례식에는 4만 명의 시민이 모였다고 한다.

모든 실패에는 반드시 그것을 성공으로 되돌릴 가능성이 내포되어 있다. 위대한 발명이나 발견도 때론 실패나 실수의 결과물일 수도 있다. 자녀들이 낙담할 때 아버지는 상처받은 꿈을 회복시켜 주는 치유자의 역할을 해야 한다. 이때 가장 중요한 것은 아이를 안아 주는 일이고 그다음으로 할 일은 아이와 함께 실패 또는 실수를 성공으로 전환시킬 방법을 찾아보는 것이다.

실패는 손해를 본 것도 부끄러운 것도 아니다. 우리는 실패하면 후회하고 수치심을 느끼며 의기소침해 한다. 작은 실패를 더 중요하고 더 큰 목표를 포기해 버릴 핑계로 삼기도 한다. 꿈을 심어 주고 키워 주고 관리하고 회복시키는 리더로서의 아버지에겐 작은 실패를 가볍게 털어 버리고 오히려 성공의 자본으로 승화시키는 지혜가 필요하다.

1960년대 초 하버드대학교의 에드워드 밴필드 박사는 개인의 경제적 성공에 기여하는 여러 요인들을 연구한 끝에 다른 어떤 요인보다 우선하는 요인이 있다고 말했다. 바로 '시간전망(time perspective)'이라는 개념이다. 사회에서 지위가 높은 사람일수록 그 사람의 시간전망이 긴 것을 발견했다. 긴 시간전망을 가진 사람들은 성공을 얻기 위해 기꺼이 대가를 치른다. 그들은 자신들이 취한 선택과 그 결과에 대해 지금부터 5년, 10년 그리고 20년까지의 앞날을 염두에 둔다. 사회의 가장 낮은 수준에 있는 사람들은 가장 짧은 시간전망을 가지고 있다. 그들은 즉각적인 만족에 초점을 맞추며, 장기적인 관점에서 보면 부정적인 결과를 초래할 말과 행동을 자주한다. 절망적인 알코올 중독자와 마약 중독자의 시간전망은 종종 한 시간도 못 된다고 한다.

단기적인 희생은 장기적 시간전망을 발전시키는 출발점이 된다. 싫어하는 일이라도 목표를 성취하기 위해서 그 대가를 감내할 수 있어야 하며, 실패나 실수, 위기, 역경과 고난 등은 바로 이러한 대가 중 하나인 것이다.

지금의 실패와 고난, 역경은 결국 아무것도 아니다. 장기의 시간전망에서는 사물과 사건의 본질이 바뀌며, 지금의 작은 실패를 성공의 자본으로 승화시킬 수 있다.

답을
찾지 못할 땐
문제를 바꿔 줘라

프랑스의 어느 시골 마을에 화가 한 명이 살고 있었다. 그는 그림은 잘 그렸지만 모델을 살 돈이 없어서 고심하고 있었다. 어느 날 장터를 헤매던 중 멋진 포즈를 취하고 있는 말을 발견했다. 그 당시 화가들은 인물화만 그렸지 누추한 장터 풍경이나 말, 돼지 같은 가축은 그리지 않았다. 하지만 그 화가는 모델을 구하는 대신 장터의 말을 그렸다. '장터의 말'이라는 그림은 그렇게 탄생했다. 후에 그 작품은 아주 유명해져서 비싼 값에 팔렸다.

박지수는 중학교 때까지 성적이 별로였다. 아주 바닥은 아니었지만 그렇다고 뛰어나지도 못했다. 말하자면 얼치기에 속하는 아이. 교사들은 말했다. 그 아이의 문제는 아름다운 꽃, 나무, 새 같은 것들을 보면 눈을 떼지 못하는 데 있다고. 지수는 국영수 공부보다 아름다운 사물에 감탄하고 그 느낌을 표현하는 것에 훨씬 관심을 보였다. 성적이 좋을 수가 없었다. 지수도 부모님도 성적 때문에 말 못할 고민에 빠져 있었다. 그러다 지수네 가족은 미국으로 이민을 가게 되었다.

미국 학교의 교사들은 성적보다는 지수의 잠재력이 어디에 있는지에 더 관심을 가져 주었다. 그들은 어렵지 않게 지수가 미술 분야에 잠재력이 있음을 발견했다. 그리고 성적에 너무 신경 쓰지 말고 그림을 열심히 그리라며 격려해 주었다. 지수는 꽃과 나비, 나무들과 새를 마음껏 보고 그림으로 담아냈다. 지수가 고등학교를 졸업할 때 그녀의 작품은 오리건 주 전체에서 1등으로 당선되어 워싱턴 미국의회 건물에서 1년 동안 전시되었다.

결국 지수는 오리건 주립대학교에서 4년간 장학금을 받고 회화를 전공했다. 그림을 통해 세상과 소통하는 삶을 살게 되었다. 지수는 학교 성적에서 답이 나오지 않자 잠재력으로 문제를 바꿨다. 덕분에 아주 만족스러운 답을 찾았다. 아이들이 답을 찾지 못해 힘들어할 때는 문제를 바꿔 주는 것도 탁월한 방법이다.

학교 성적이 나쁘다고 국영수를 못한다고 다그치지 말자. 성적이 나쁘다는 이유로 아이에게 부정적인 태도를 보이는 것은 금물이다. 아이에게 열등감을 심어 줄 수 있다. 열등감은 어린 시절의 거절감에서부터 연유한다. 아이들은 격려받을 필요가 있다.

하지만 많은 아이들이 집에서 부모가 "이 바보야. 넌 그것도 모르니?"

라고 야단치는 소리를 듣고 자란다. 그런 경험들로 많은 아이들이 '정신적인 난쟁이'가 된다는 사실은 정말 슬픈 일이다. 그런 식으로 자신을 깎아내리는 표현을 듣고 자란 아이들은 자기가 정말 바보나 천치라고 생각할 수 있다. 아이들은 자신감을 잃고 자신의 능력을 향상시키려는 마음의 자세를 잃어버리게 된다.

학교에 들어갈 나이가 되었을 때 그들은 또래 아이들에게서도 독설적인 비난을 듣게 된다. 나쁜 녀석, 말썽꾸러기 계집애, 버릇 없는 놈, 칠칠치 못한 녀석, 뚱뚱이, 주근깨, 못생긴 놈, 멍청이, 지저분한 놈, 얼간이 등등. 아이들이 어른이 되어 직장 생활을 할 때도 상황은 크게 달라지지 않는다. 따분한 사람, 이상한 사람, 편협한 사람, 실패자 등 불쾌한 표현을 듣게 된다. 이로 인해 생성된 열등감은 더 나은 삶을 추구하게 하는 '자기효능감'을 억압한다.

이스라엘의 청소년들은 '열등감'이라는 말을 알아듣지 못한다고 한다. 모든 유태인 청소년들은 자신만의 독특한 재능을 발견하게끔 교육받는다. 만일 음악에서 재능을 찾았다면 수학에서 좋은 성적을 거두고 있는 사람에게 아무런 열등감을 느낄 이유가 없다.

물리학자 뉴턴의 초등학교 성적은 극히 나빴다. 아인슈타인은 네 살이 되어서야 말을 했다. 톨스토이는 대학에서 낙제했다. 포춘 잡지가 선정한 5백 개 회사 CEO들의 학교 성적 평균점은 C였다. 미국 상원의원들의 65퍼센트가 학교 성적이 밑바닥이었으며, 미국 역대 대통령들의 75퍼센트는 학교 성적이 평균 이하였다. 국영수 못한다고 성공하지 못하는 건 아니다.

거꾸로 명문 대학을 졸업했거나 학교 성적이 우수했던 사람도 성공은 커녕 사회의 손가락질을 받고 줄줄이 교도소로 끌려가는 경우도 많다. 각종 게이트가 터질 때마다 공부 꽤나 잘했다던 사람들의 이름이 오르내린다. 학교 성적이 우수하다고 성공이 보장되는 것도 아니고, 학교 성적이 나쁘다고 성공하지 못하는 것도 아니다. 아이들에게는 각자에게 꼭 알맞은 답과 문제가 있기 마련이다. 답이 보이지 않을 때는 새로운 문제로 바꿔 줘라.

다음엔 반드시
이길 수밖에 없는 이유

당신의 자녀가 큰 성공을 거두느냐 아니면 그저 먹고살기 급급한 사람이 되느냐 하는 것은 담대한 결단력의 유무에 달려 있다. 결단력은 실수나 실패를 대하는 태도에 따라 결정된다.

특히 청소년기에 실수를 저지를 때마다 그것을 실패로 여긴다면 좌절감을 느끼고 결단력을 잃고 만다. 반대로 실수를 배우는 과정으로 여기는 아이라면 결단력을 지닌 사람으로 성장할 것이다. 성공의 핵심은 실패에 굴하지 않고 성공을 향한 의지를 더욱 불태우는 의욕에 있다. 물론 실수와 실패를 좋아하는 사람은 아무도 없다. 다만 실수나 실패에 대한 지나친 두려움을 가진 사람은 분재된 소나무처럼 정신적 난쟁이가 될 수 있다는 걸 기억하자.

《정상에서 만납시다》의 저자 지그 지글러는 말했다. "기억하십시오.

중요한 것은 당신에게 무슨 일이 있었느냐가 아니라 그것을 어떻게 잘 관리하느냐입니다! 바로 그것이 당신의 인생에 또 다른 변화를 가져다줄 것입니다." 그런 태도만 견지한다면 언제든 실패를 성공으로 변화시킬 수 있다. 빨리 실패하고 자주 실패하게 하라.

실수에 대한 두려움 때문에 모든 일에 소극적인 자세로 임한다면 어떤 실수도 하지 않을지 모른다. 하지만 그 결과 아무것도 배우지 못하고 성장하지도 못할 것이다. 실패를 자신의 소중한 경험, 재산으로 여기는 태도가 필요하다.

스스로 껍질을 깨는 고통 없이 병아리는 태어나지 못한다. 실패를 막기 위해 습관적으로 남의 도움을 받는 아이는 결국 남에게 의지하며 언제까지나 정신적 난쟁이 신세를 면치 못한다. 자전거 타는 것을 배울 때 뒤에서 누군가 계속 잡아 주면 안전함 속에서 자전거를 탈 수 있다. 하지만 혼자서는 자전거를 탈 수 없게 된다. 처음부터 넘어져 가며 혼자 타는 연습을 해야 한층 더 빨리 자전거 타는 법을 익힐 수 있다.

아이들이 배우기 위해서 넘어지는 것은 결코 실패가 아니다. 오히려 배움의 필수적인 과정이다. 실수했을 때, 넘어졌을 때 "역시 난 안 되는 놈이야." 하고 주저앉지 말고 "어, 이상한데? 왜 넘어졌지? 다시 한 번 해 보자. 이번엔 이 방법을…." 하는 식으로 툭툭 털고 일어서는 힘이 필요하다. 그 힘이 있을 때 실수와 실패는 결단력을 길러 준다. 아이들의 결단력과 우유부단함, 용감함과 비겁함 등은 유전적인 문제가 아니라 실패와 실수를 받아들이는 태도의 문제다. 결단력과 용기를 가지게 하는 한 가지 방법이 있다. '다음엔 반드시 이길 수밖에 없는 이유'를 열 가지 이상 적어 보는 것이다. 예를 들면 다음과 같다.

- 이번 시합에서 상대는 왜 이겼고 나는 왜 졌는지를 명쾌하게 분석해 보았기 때문에
- 다음 시험 때까지 하루 두 시간씩 백 오십 일 동안, 최소한 3백 시간 이상 준비할 수 있기 때문에
- 이 자격증은 나 자신의 이기적인 목적을 위한 것이 아니라 사회에 봉사하기 위해 필요한 것이기 때문에
- 나의 결정적인 약점이 무엇인지를 알았고 보완할 대안을 생각해 두었기 때문에
- 아버지와 어머니가 계속해서 나를 응원하고 용기를 불어넣어 주고 계시기 때문에
- 오랜 시간 운동으로 다져진 지치지 않는 체력이 있기 때문에
- 타고난 강한 집중력과 승부 근성이 있기 때문에
- 철저한 자기 관리 훈련을 하고 있기 때문에
- 변화를 추구하고 매사에 도전적이며 창의적인 성격 때문에
- 실패를 인정하고, 성공의 밑거름으로 삼을 줄 아는 태도를 갖고 있기 때문에

이런 아버지를 찾습니다

자기의 시간을 팔아서 돈을 사고
그 번 돈으로 가족을 위한 시간을 사고
남는 돈으로 미래를 사들이는 아버지

혼자 있을 땐 책을 읽으며 생각을 하고
둘이 있을 땐 혼이 담긴 대화를 나누고
셋이 모이면 함께 노래를 불러 우리를 즐겁게 해 주는 아버지

평범한 청바지에 수수한 슈트를 걸치고 낡은 차를 몰지만
고상한 목적에 이끌려 독특한 취향을 지니고
위대한 설계를 하며 위대한 시간을 보내는 아버지

눈으로 가능성을 보고
손으로 미래를 가리키고
입으로 격려의 말을 하는 아버지

아침에 집 나갈 땐 볼에다 키스를 해 주고
낮에는 이모티콘으로 사랑의 메시지를 배달해 주고
저녁엔 즐겁게 대화하며 함께 식사를 하는 아버지

어머니는 아버지의 배를 쿠션 삼게 하고
아이들은 어머니의 배를 쿠션 삼게 하고
함께 깔깔대며 개그 프로그램을 보는 아버지

주말엔 손잡고 공연을 보러 가고
방학엔 벌판을 달리며 잠자리와 물고기를 같이 잡고
태평양과 대서양과 인도양을 함께 여행하겠노라 약속하는 아버지
아이들이 무대에 설 땐 기립 박수를 쳐 주고
아플 땐 옆에 있어 주고
급할 때, 결정적일 땐 반드시 나타나는 아버지

말하기보다 듣기를 더 연습하고
아이들을 가르치기보다 아이들에게 배우려 하고
아이들과 많은 것을 공유하는 프렌디, 멘토형 아버지

답을 말해 주기보다 생각을 열어 주고
스스로 답을 찾을 때까지 기다려 주고
점수나 등수보다 노력을 칭찬해 주는 아버지

아이들의 친구들 얼굴과 이름을 기억해 주고
엄마의 친구들에게 환영을 받고
언제나 좋은 이웃이라는 말을 듣는 아버지

이런 멋쟁이 아버지가 계셔서
아이들과 아내와 사장님과
우리나라가 행복합니다.

이런 멋쟁이 아버지가 바로 당신입니다.

참고 문헌

1) R. 이안 시모어, 《멘토》(씨앗을 뿌리는 사람, 2003), 283~288쪽

2) 《동아일보》, 2005년 8월 29일

3) 사이토 사토루, 《어머니가 변해야 가족이 행복하다》(종문화사, 2007), 233~234쪽

4) 《매일신문》, 2010년 6월 12일

5) 〈아버지라는 이름〉, 《전남일보》, 2008년 7월 8일

6) 진 탕, 《평범한 아버지들의 위대한 자녀교육》(북스토리, 2008), 60~65쪽

7) 《케이아메리칸 포스트》, 2010년 6월 12일

8) 진 탕, 앞의 책, 148~151쪽

9) Paul G. Kengor A Dad Like Jack, 〈The Influence of Ronald Reagan's Father〉, The Center For VISION & Values

10) 《매일경제》 2012년 9월 19일

11) 강혜원, 이글은 저자들의 딸이자 누이가 쓴 것이다. 그녀는 올해 38세이며 경영학을 전공하고 프랑스의 Insiad에서 MBA를 하였다. IBM, BCG 등 국제 경영 컨설팅 분야에 종사하였으며 지금은 C그룹 전략기획실 상무로 근무하고 있다.

12) 제프리 M. 매슨, 《좋은 아빠 나쁜 아빠》(에디터, 2003), 79~80쪽

13) 스콧 앤더슨, 《세상의 모든 아들이 꿈꾸는 최고의 아빠》(눈과마음, 2009), 69~71쪽

14) R. 이안 시모어, 앞의 책, 294쪽

15) Salvatore V. Didato, Ph.D., 《The Big Book of Personality tests》

16) 《동아일보》, 2013년 5월 28일

17) 《파이낸셜뉴스》, 2011년 5월 5일

18) 전성수, 《부모라면 유대인처럼 하브루타로 교육하라》(예담, 2012), 191~193쪽

19) 제프리 M. 매슨, 앞의 책, 169~171쪽

20) 스테판 B. 폴터, 《당신은 아들에게 어떤 아버지입니까?》(지식의날개, 2005년) 34~38쪽

21) 《서울경제》, 2009년 9월 2일

22) 《서울경제》, 앞의 기사

23) 《서울경제》, 앞의 기사

24) 《서울경제》, 앞의 기사

25) 스테판 B. 폴터, 앞의 책

26) 채정민, 《매일신문》

27) 제프리 M. 매슨, 앞의 책, 87~89쪽

28) 제프리 M. 매슨, 앞의 책, 79~80쪽

29) 제프리 M. 매슨, 앞의 책, 79~80쪽

30) 《서울신문》, 2005년 10월 14일

31) 스콧 앤더슨, 앞의 책, 144~146쪽

32) 정민정, 《서울경제》, 2009년 9월 2일

33) Salvatore V. Didato, Ph.D., 앞의 책

34) 할 어반, 《어떤 사람도 마음을 열게 하는 긍정적인 말의 힘》(웅진윙스, 2006), 192~195쪽

35) 이어령, 《어머니》(자유문학사, 1999), 192-193쪽

36) 강헌구, 《아들아 머뭇거리기에는 인생이 너무 짧다1》(한언, 2001)

37) 강헌구, 《Mom CEO》(쌤앤파커스, 2006), 51~52쪽

38) 진 탕, 앞의 책, 166~169쪽

39) 《보스톤코리아》, 2012년 8월 27일

40) The Harvard Independent, 100 Successful College Application Essays, New York : New American Library(2002), 211~213쪽

41) 강헌구, 《Mom CEO》